云环境下安全且高效的远程外包数据审计机制

范　宽　刘立卿　著

东北大学出版社

·沈　阳·

ⓒ 范宽 刘立卿 2024

图书在版编目（CIP）数据

云环境下安全且高效的远程外包数据审计机制 / 范
宽，刘立卿著 . -- 沈阳：东北大学出版社，2024. 12.
ISBN 978-7-5517-3700-5

Ⅰ. TP393.027

中国国家版本馆 CIP 数据核字第 2025MT8313 号

内容提要

云计算、云存储的诸多优势吸引着越来越多的用户把他们的数据外包给云服务供应商，然而由于利益等因素，数据的完整性和正确性面临诸多威胁，远程外包数据审计技术是解决这一威胁的有效方法。本书对远程外包数据审计机制进行了深入的研究和探索，着力提高远程外包数据审计机制的安全性和效率。针对安全性问题，重点研究防御新型攻击的审计机制和防御集中式审计所引发攻击的审计机制。针对效率问题，重点研究改进挑战数据块抽取方法的审计机制和应用新型动态数据结构的审计机制。本书的读者对象为从事信息安全方向研究的硕士生以及相关科研人员。

出 版 者：东北大学出版社
　　　　　地址：沈阳市和平区文化路三号巷 11 号
　　　　　邮编：110819
　　　　　电话：024-83683655（总编室）
　　　　　　　　024-83687331（营销部）
　　　　　网址：http://press.neu.edu.cn
印 刷 者：辽宁虎驰科技传媒有限公司
发 行 者：东北大学出版社
幅面尺寸：170 mm×240 mm
印　　张：10.5
字　　数：180 千字
出版时间：2024 年 12 月第 1 版
印刷时间：2024 年 12 月第 1 次印刷
策划编辑：汪子珺
责任编辑：邱　静
责任校对：高艳君
封面设计：潘正一
责任出版：初　茗

ISBN　978-7-5517-3700-5　　　　　　　　定价：66.00 元

前　言

　　云计算为用户提供大规模数据计算应用服务，云存储作为云计算系统的重要组成部分，通过分布式、虚拟化、智能配置等技术，为用户提供按需存储的数据外包服务。云存储的诸多优势吸引着越来越多的用户把他们的数据外包给云服务供应商（cloud service provider，CSP），然而由于经济利益因素（扩充存储空间、增加存储服务用户），CSP通常被用户视为"半诚实"实体，它会破坏用户的外包数据，使其完整性和正确性遭受威胁，因此研究者提出远程外包数据审计技术。

　　为确保外包数据完整且正确地存储在云服务器中，本书对远程外包数据审计机制进行深入的研究和探索，着力提高远程外包数据审计机制的安全性和效率。针对安全性问题，本书重点研究防御新型攻击的审计机制和防御集中式审计所引发攻击的审计机制。针对效率问题，本书重点研究改进挑战数据块抽取方法的审计机制和应用新型动态数据结构的审计机制。本书的研究内容及创新点总结如下。

　　第一，针对远程外包数据审计机制中CSP不更新动态数据块而引发的重放攻击问题，提出抗新型重放攻击的远程外包数据审计机制。在该机制中，首先，针对一些远程外包数据审计机制中的第三方审计者（third part auditor，TPA）仅记录挑战数据块标号的情况，提出在动态审计过程中由CSP发起的新型重放攻击模型；其次，针对该攻击模型，设计一种协助防御该攻击的新型动态数据结构；最后，基于此数据结构，提出抗新型重放攻击的远程外包数据审计机制，实现公共审计、动态审计和批量审计。安全性分析和性能评估证明了该审计机制的安全性和高效性。

第二，针对远程外包数据审计机制中集中式审计所引发的"不诚实"审计以及隐私泄露等安全性问题，提出基于区块链的分布式远程外包数据审计机制。在该机制中，首先，利用以太坊智能合约代替 TPA 审计外包数据，实现分布式审计；其次，使用 Bohen-Lynn-Shacham（BLS）签名和双线性对技术，设计审计核心算法，并实现可多交易并行处理无限量数据块动态请求方案，突破以太坊智能合约对燃料费（Gas）的限制；再次，选择区块链中最新随机值（Nonce）计算生成挑战数据块随机数种子，并使用延时函数抵抗矿工随意操纵 Nonce 破坏种子随机性的恶意行为；最后，利用区块链加密货币机制设计奖惩算法，能自动分期支付 CSP 存储服务费用，也能自动惩罚恶意实体。安全性分析和性能评估证明了该机制的安全性与高效性。

第三，针对远程外包数据审计机制中随机抽取挑战数据块引发的效率问题，提出基于按规模大小成比例概率抽样（probability proportionate to size sampling，PPS）的远程外包数据审计机制。在该机制中，首先，针对 CSP 删除用户低访问频率数据块和审计机制均使用随机方法抽取挑战数据块的情况，提出将数据块访问频率作为辅助信息构造 PPS 方法，以不等概率方式抽取挑战数据块；其次，引入信用机制，通过定期公开 CSP 信用值约束其恶意行为，减轻各方计算压力；最后，针对 PPS 算法和信用机制，设计基于按规模大小成比例概率抽样的远程外包数据审计机制。安全性分析和性能评估证明了该机制的安全性和高效性。

第四，针对远程外包数据审计机制中动态数据结构所带来的效率问题，本书提出边云协同网络中基于哈希平衡树的远程外包数据审计机制。在该机制中，首先，基于动态平衡（Adelson-Velsky-Landis，AVL）树，设计动态数据结构哈希平衡树（Hash balanced tree，HBT），该数据结构的结点均存储外包数据块的哈希值，高度低于经典数据结构默克尔树（Merkle Hash tree，MHT）；其次，提出 HBT 结点的动态序号组成与比较方法，减少动态过程中需要调整动态序号结点的数量和 HBT 的平衡次数；再次，根据边云协同网络的架构特点，提出一种在数据更新过程中，外部攻击者操控边缘服务器损害外包数据的攻击模型；最后，针对HBT和该攻击模型，设计基于边云协同网络的外包数据审计机制，实现动态审计、公共审计和批量审计。安全性分析和性能评估证明了该审计机制的安全性和高效性。

著者的研究工作得到了国家自然科学基金青年科学基金项目（62102075）、中央高校基本科研业务费（N2323023）的资助，在此表示深深的谢意！

本书的研究成果在安全和效率两个方面促进了远程外包数据审计机制的发展，为构建更加安全和高效的审计机制提供重要支持。

著 者

2024年9月

目　录

第1章　绪　论

第 2 章 抗新型重放攻击的远程外包数据审计机制

第 4 章 基于按规模大小成比例概率抽样的远程外包数据审计机制

第5章 边云协同网络中基于哈希平衡树的远程外包数据审计机制

第1章 绪 论

1.1 远程外包数据简介

1.1.1 云计算

20世纪90年代末期，云计算崭露头角。目前，云计算已经成为人们日常生活中不可缺少的一部分。大部分主流IT厂商均涉及云计算，包括硬件厂商［IBM、惠普（Hewlett-Packard）、英特尔（Intel）、思科（Cisco）等］、软件开发商［微软（Microsoft）、甲骨文（Oracle）、VMware等］、云服务提供商［谷歌（Google）、亚马逊（Amazon）、Salesforce等］和互联网服务提供商（中国移动等），基本覆盖了整个IT产业链的企业，构建出一个完整的云计算生态系统。

按照部署类型，云计算可分为公有云、私有云和混合云[1-4]。公有云由第三方提供商完全承载和管理，为用户提供价格合理的计算资源访问服务，但数据安全性低于私有云。私有云是用户购买基础设施搭建云平台，并在此之上开发应用的云服务，它可以充分保障虚拟化私有网络的安全，但投入成本比公有云高。混合云由公有云和私有云组成，每种云都是独立的实体，开发人员使用专有技术将它们组合起来，提高数据和应用程序的可移植性，用户根据业务私密程度不同，在公有云和私有云之间自主切换。云计算作为一种有潜力技术平台，具有动态资源可扩展、基础资源高异构性、业务体系多样性、海量信息处理和计算资源按需分配等特点[5-7]。

基于云计算诸多优势以及互联网技术的发展，云计算市场规模不断扩大，全球信息领域的各大巨头都关注并发展云计算。亚马逊网络服务（AWS）为全球用户提供各种类型的云服务，如弹性计算云服务（EC2）、云监控服务（ACW）、弹性数据块存储（EBS）、基于云的关系型数据库服务（RDS）等。IBM 公司的 IBM Cloud 提供 170 种 IBM 服务，包含传统服务和现代服务（计算、存储管理、安全分析、人工智能、物联网、区块链、集成和迁移等）。近年来，我国云计算也快速发展。2015 年 1 月，国务院发布《国务院关于促进云计算创新发展培育信息产业新业态的意见》，是促进我国云计算市场发展的最重要政策之一[8]。2017 年 4 月，工信部发布《云计算发展三年行动计划（2017—2019年）》，加快我国云计算产业规模扩大，并带动新一代信息产业发展[9]。2018年 8 月，工信部印发《扩大和升级信息消费三年计划行动（2018—2020年)》，提出"到 2020 年，信息消费规模将达 6 亿元，年均增长 11% 以上"。在这些政策的带动下，地方政府积极推动企业上云。阿里、腾讯、华为、金山领跑国内云计算市场，并与亚马逊、微软等国际云服务巨头争夺国内市场。

从 2006 年谷歌正式提出云计算概念到现在，其市场规模已经破千亿美元，云服务已经渗透到了人们日常经济与社会生活当中，并逐渐改变传统的服务方式。云计算作为有广阔前景的全球性产业，为人们创造方便、快捷、成本低廉的商业模式的同时，也为人们勾画出更加智能的数字未来。

1.1.2 远程外包数据

云存储是云计算延伸出来的服务，它通过集群应用、网格技术或分布式机房等技术，将网络中各种不同类型的存储设备通过应用软件集合起来协同工作，共同对外提供数据存储和业务访问服务[10]。

云存储分为个人云存储、私有云存储、公有云存储和混合云存储[11-12]。个人云存储允许用户存储不同类型的个人数据，用户通过互联网从任何地方访问个人数据。私有云存储面向既需要云存储具有灵活性和可扩展性，又注重安全的企业，这些企业希望自主管理云存储系统。公有云存储可从第三方云平台获得，比如亚马逊 AWS、微软 Azure 等，公有云存储的基础设施由云存储提供商构建、管理和维护。混合云存储是公有云存储、私有云存储和数据中心的某种组合，它将企业拥有的资源与第三方公有云存储服务平台相结合，平衡资源安全与存储需求。对于用户来说，云存储具有存储容量可扩展、存储成本低和物理位置灵活等优势[12-14]。

云存储服务可以帮助用户节约存储设备成本，缩短系统建设周期。CSP 通过云化管理获得很多优势，整合自身资源，将多余的存储空间租赁给企业，有效利用资源，降低运营成本；同时，虚拟化和智能管理技术使 CSP 对云存储系统的管理更加简便和高效[10, 12]。目前，国内外各大 IT 厂商都着手开发自己的云存储服务，如 Dropbox、Google Driver、iCloud、Amazon S3、华为网盘、新浪微盘、阿里云、百度云、腾讯云。用户待存储数据的指数级增长为云存储市场带来了巨大的商机，使得云存储服务蓬勃发展。据 Omdia 发布的 2024 年存储数据服务报告[15]，2023 年云存储市场产生了 570 亿美元的直接计费收入，其中 AWS 以 30% 的存储服务收入份额领先，其次是微软和谷歌，阿里云以 6% 的全球收入份额占据中国一级供应商的主导地位。全球云数据存储服务市场预计强劲增长，到 2028 年收入将达到 1280 亿美元，未来 5 年复合年增长率为 17%。数据流量的激增，使得云存储市场快速发展。由此可见，云存储服务已经成为人们生活当中必不可少的一种外包数据存储服务。

1.2 云环境下外包数据存储要解决的问题

数据安全存储问题已经成为制约云存储服务发展的主要问题[13, 16-17]。虽然存储安全技术不断发展，但用户存储在云平台中的外包数据仍面临完整性和正确性被破坏的威胁。用户将大量的数据外包到云平台并删除本地副本，期望可以不受空间、时间的限制访问并更新这些外包数据，同时希望云平台能够为他们的数据提供安全保障。然而，用户删除本地副本意味着他们不再能控制自己的数据，CSP 对他们的数据具有压倒性的控制优势，这使得单靠 CSP 自身的努力，无法确保用户外包数据的安全[18-21]。如果用户的外包数据丢失或遭受破坏，CSP 为了维护信用或者避免赔偿因丢失数据所造成的损失，会否认或者隐瞒数据被破坏的事实，甚至为了节省存储空间，CSP 会故意删除用户低访问频率数据；用户使用外包数据为应用程序提供计算结果，当外部攻击者与 CSP 相互勾结，CSP 会提供不完整数据或者有利于攻击者的数据供用户计算；另外，云计算系统中的内部数据，比如用户数据存储信息、系统运行日志、审计日志等，也会成为攻击者的破坏目标，对系统运营、企业信誉、客户体验等方面都产生极大的不良影响。针对上述安全问题，有研究指出，远程外包数据审计机制是保证云环境下外包数据完整性和正确性的重要措施[14, 22]。该机制可以帮助用户检验外包数据是否遭受破坏、确保计算结果的正确性，同时可以帮助 CSP 审计系统数据的正确性和完整性，确保系统稳健运行。

远程外包数据审计技术主要采用"挑战–响应"的方式审计数据的完整性和正确性[23-30]。该技术的主要思想是用户将数据上传到云存储服务器之前，对数据进行分块处理，并为每个数据块生成同态可验证标签，再将数据块集合和其同态可验标签集合打包发送到云存储服务平台。用户委托 TPA 定期随机选择若干外包数据块标号作为挑战数据向 CSP 发起审计请求，CSP 根据挑战数据块和其同态可验证标签，计算聚合证据并返回给 TPA，TPA 通过单次审计所接收到的聚合证据可得知被挑战的外包数据块是否被完整且正确地存储在云存储服务器中。远程外包数据审计技术有如下优点：首先，存储开销低，用户本地不需要存储外包数据集；其次，通信复杂度低，在数据审计的过程中，TPA 不需要下载原始数据，而只需要获得 CSP 生成的聚合证据即可完成审计；最后，计算复杂度低，在生成聚合证据的过程中，CSP 仅需要计算若干个聚合证据，而在审计过程中 TPA 单次审计聚合证据便可得知被挑战数据块的存储情况。但是远程外包数据审计机制仍面临以下挑战[13-14, 16-17, 31-33]。

1.2.1 威胁攻击

远程外包数据审计机制会遭受由 CSP 发起的替代攻击、重放攻击和伪造攻击。当 CSP 破坏或者删除用户的外包数据，TPA 又恰好对这些被损害的数据发起挑战请求时，CSP 会根据自己的存储情况发起上述攻击，以通过 TPA 的审计验证。除了这三种攻击，远程外包数据审计机制还会面临其他形式的攻击，其目的也是伪造可以通过 TPA 审计验证的合法聚合证据。所以威胁攻击是远程外包数据审计机制所面临的挑战之一[34-68]。

1.2.2　集中式审计

远程外包数据审计机制中通常假设 TPA 是"半诚实"实体，它按照审计规则验证外包数据的完整性与正确性，但是又对用户的数据感到好奇，属于集中式审计。但集中式审计会遇到如下问题：首先，在现实生活中很难找到"诚实"实体完成审计操作，实现集中式审计有困难；其次，"半诚实"TPA 容易勾结用户或者 CSP 发起共谋攻击，诬陷 CSP 没有合法地存储数据，或者给用户提供错误的审计结果；再次，TPA 可以对用户的外包数据发起隐私攻击，通过聚合证据窥探其外包数据；最后，集中式审计给 TPA 带来计算压力，尤其当审计任务突然剧增时会造成审计延迟。所以集中式审计是远程外包数据审计机制面临的挑战之一。

1.2.3　审计机制

效率问题和无偿审计阻碍了远程外包数据审计机制的发展。互联网服务对实时性的要求越来越高，研究结果表明，如果网络服务加载超过 3 秒，就会流失 57% 的用户，所以审计机制需要提高审计效率，减少服务延迟时间。无偿审计可以打开审计市场，云存储服务提供商不会提供永久的无偿审计服务，合理的收费策略和优质的服务质量不仅不会流失用户，还可以提高服务商的信用口碑。所以，如何提高审计效率并找到付费方式与服务质量的合理平衡点，提高审计机制的实用性是远程外包数据审计机制面临的一个挑战。

1.2.4　新技术与审计机制结合

随着互联网的发展，边缘网络计算、物联网等技术层出不穷，它们旨在通过传感器、全球定位系统等技术实现万物互联，为人们提供更加智能的、低延时的网络服务。然而，这些服务离不开外包数据的支持，正确的数据能够为依赖它们的应用提供准确的计算结果。所以，如何把审计机制应用到新技术环境下并解决数据存储安全问题是远程外包数据审计机制面临的一个挑战。

1.3　云环境下安全且高效的远程外包数据审计概述

CSP 为数据拥有者（data owner，DO）提供外包数据存储服务。DO 为了节省本地存储空间和运维成本，将数据外包给 CSP 存储，并删除本地副本。由于 DO 不能掌控自己的外包数据，所以其来自或授权 TPA 向 CSP 发起定期和不定期的外包数据完整性挑战，根据 CSP 返回的聚合证据，验证这些被挑战的外包数据块是否完整正确地存储在云服务器中，这种审计验证方式逐渐形成了远程外包数据审计技术。

1.3.1　远程外包数据审计模型

通常有三种远程外包数据审计模型，涉的实体如下[69-86]：

（1）DO。外包数据的拥有者，为了解决本地存储空间不足的问题，把数据外包到云服务器中存储。

（2）CSP。云服务提供商，拥有足够的计算资源和存储空间，能够存储和管理 DO 的外包数据。

（3）TPA。被 DO 所信任的第三方组织，拥有比 DO 更强的计算能力和存储空间，与 CSP 交互审计 DO 的外包数据。

（4）用户。DO 外包数据的使用者，获得 DO 的访问授权后可读取其外包到云服务器中的数据。

（5）认证中心（trusted authority，TA）。第三方可信任机构，用户授权读取 DO 的外包数据，当用户怀疑 CSP 返回的数据时，可以委托认证中心介入审计，并将结果反馈给用户。

有三种经典审计模型。

第一种审计模型包含DO和CSP两个实体，如图1.1所示。双向数据流表示DO把数据外包给CSP，并在需要时访问这些数据。DO向CSP发起审计挑战，CSP根据挑战数据计算聚合证据，并给予响应，以证明其外包数据完整正确地存储在云服务器中。由于DO审计自己的外包数据，所以这种审计方式被称为私有审计。

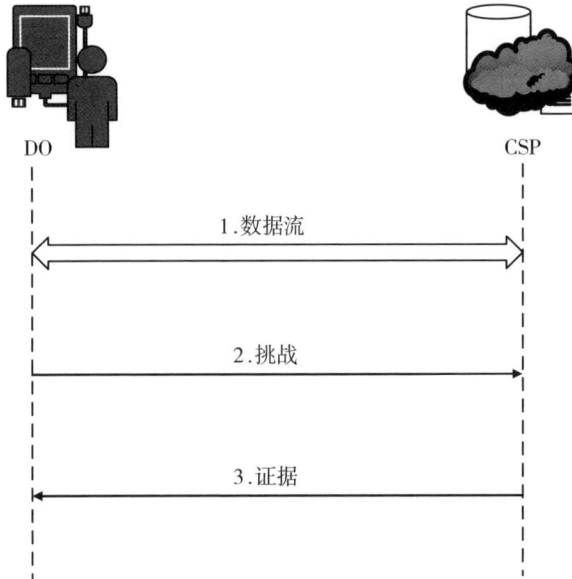

图 1.1 第一种审计模型

与第一种审计模型相比，第二种审计模型增加了一个实体TPA，如图1.2所示。在该模型中，DO委托TPA审计存储在CSP中的外包数据，并授权其权限。TPA向CSP发起审计挑战，CSP根据挑战数据计算聚合证据，并给予响应，证明其外包数据完整正确地存储在云服务器中。由于TPA审计外包数据，所以这种审计方式被称为共有审计。

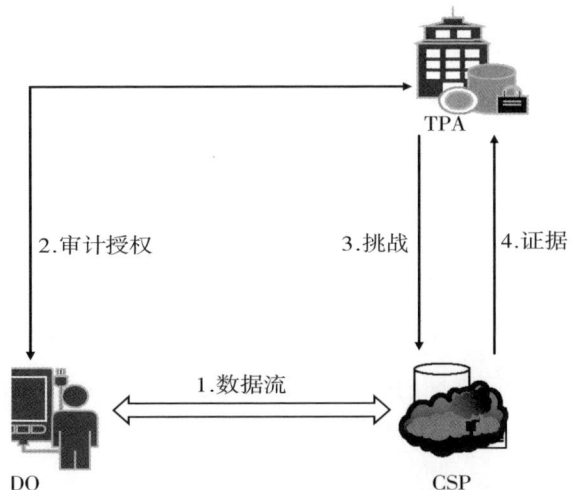

图 1.2 第二种审计模型

第三种审计模型与前两种的业务背景不相同。该模型中增加了用户和TA两个实体，如图1.3所示。该审计模型的业务背景为用户获得DO授予的访问权限后，可以向CSP提出访问DO某些外包数据的请求，CSP按照用户的请求检索到相应数据块后响应用户，当用户怀疑它所获得数据的正确性时，便可委托TA审计CSP返回的数据，CSP把搜索结果和相应的聚合证据发送给TA，TA审计后将最终的审计结果返回给用户。

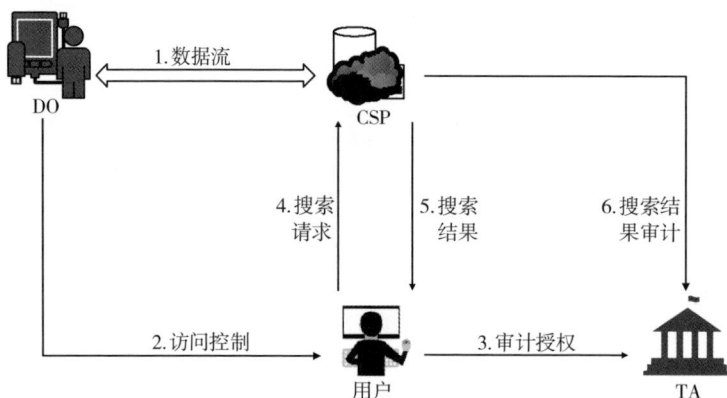

图 1.3　第三种审计模型

另外，还有一些其他的审计模型，比如有的模型为了提高安全性，在第二种模型的基础上增加密钥生成器（private key generator，PKG），根据各个实体的身份信息生成它们的密钥；有的模型为了实现轻量级审计，在第二种模型的基础上增加代理，代替计算资源有限的DO生成审计标签等。

综上，审计协议应该满足如下需求[69-93]：

（1）数据完整性。远程外包数据审计机制可以检测出DO的数据是否完整正确地存储在云服务器中。

（2）存储周期内的数据完整性。远程外包数据审计机制可以确保数据在整个存储周期内都正确完整地存储在云服务器中，DO和用户能随时随地访问他们所需的外包数据。

（3）隐私保护。远程外包数据审计机制可以确保在审计过程中不会泄露

DO 的敏感数据信息。

（4）高效性。远程外包数据审计系统中各方计算复杂度合适，计算量分配均匀，成本合理，实用性强。

（5）批量审计。远程外包数据审计机制能够同时处理若干个审计任务。

（6）动态审计。远程外包数据审计机制支持 DO 随时更新外包数据集，并确保更新过程中新旧数据块的安全。

1.3.2　远程外包数据审计流程

假设 M 为云服务器中外包数据集，它由 n 个大小相等的数据块构成，即 $M = \{m_i\}_{i \in [1, n]}$。目前常见的公共审计机制是基于"挑战−响应"模式审计外包数据块的完整性，如图 1.4 所示，主要包括以下七个阶段[69-89]：

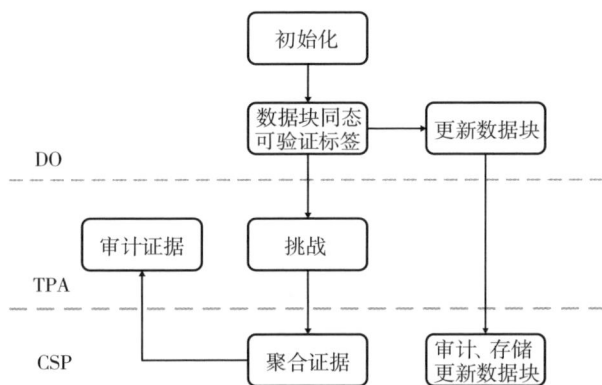

图 1.4　"挑战−响应"审计流程图

（1）初始化。此阶段主要为机制中实体生成密钥对 (sk, pk) 和系统参数。

（2）生成数据块同态可验证标签。DO 使用私钥 sk 为每个数据块 m_i 计算同态可验证标签 σ_i，随后将 $(m_i, \sigma_i)_{1 \leqslant i \leqslant n}$ 外包到 CSP。

（3）发起审计挑战。TPA 根据审计周期，定期向 CSP 发送挑战 $chal_t$，$chal_t$ 包含 TPA 随机选择的 c 个数据块索引号和与其对应的随机值。

（4）计算聚合证据。CSP 根据挑战 $chal_t$ 中的索引号找到相应的外包数据块和其同态可验证标签，并根据它们计算数据证据μ_{chal_i}和标签证据σ_{chal_i}，然后将聚合证据$(\mu_{chal_i}, \sigma_{chal_i})$返回给TPA。

（5）审计聚合证据。TPA使用DO的公钥pk审计聚合证据$(\mu_{chal_i}, \sigma_{chal_i})$，通过一次性审计，验证挑战数据块的完整性与正确性。

（6）更新数据块。当外包数据块发生变化时，DO向CSP发送动态操作请求$(operate, index, m_{index})$。其中，$operate$为动态操作类型，包括删除、插入、修改；$index$为更新数据块的索引号；$m_{index}$为动态操作后的数据块。

（7）审计并存储更新数据块。CSP收到动态操作请求后，将待更新数据块和同态可验证标签返回给DO，DO审计验证后，再向CSP发送更新数据块的最新标签σ_{index}，CSP更新数据$(m_{index}, \sigma_{index})$。

1.3.3 远程外包数据审计威胁模型

从外包数据的完整性和隐私性角度出发，远程外包数据审计机制中通常考虑以下四种威胁攻击。

伪造攻击：当某个挑战数据块被删除或者被篡改时，攻击者会伪造这个挑战数据块的聚合证据并企图通过审计验证，这类攻击通常由CSP发起。

替代攻击：当某个挑战数据块被删除或被篡改时，攻击者会使用其他数据块来替代该数据块生成聚合证据并企图通过审计，这类攻击通常由CSP发起。

重放攻击：当某个挑战数据块被删除或被篡改时，攻击者会使用该数据块旧的聚合证据作为当前聚合证据并企图通过审计，这类攻击通常由CSP发起。

隐私攻击：攻击者在DO不知情的情况下，会企图通过计算若干个相同数据块的挑战聚合证据推断出DO外包数据信息，这类攻击通常由TPA发起。

1.4 云环境下安全且高效的远程外包数据审计发展概述

为了解决外包数据在"不可信"云服务器中的安全存储问题，国内外学者提出外包数据审计的概念，并围绕这个问题设计各种审计协议。本节分析目前比较经典的审计协议并对现有工作进行小结。

1.4.1　公共审计

公共审计减轻了 DO 的计算负担并且提供可信的审计结果，为了保护数据隐私，TPA 应该支持不需要验证数据块内容的有效审计方式，为此提出基于消息验证码的审计协议[94]。每次需要验证数据文件时，TPA 都会将文件的消息验证码（message authentication code，MAC）密钥发送给 CSP，要求 CSP 使用给定密钥计算验证数据的新 MAC 并返回 TPA 检查。该协议的通信量较低（仅在位级别），缺点是预先选择 MAC 密钥的数量限制了审计次数，这为 DO 增加了新的计算负担。为了解决这个问题，协议[25, 73-81, 94]提出了同态认证技术，引入同态可验证标签（homomorphic verifiable tags，HVT），该技术不仅不会额外增加 DO 计算负担，还可以减少审计交互过程中的通信量，这使得同态认证技术成为公共审计中最常用的方法。同态性使得审计标签通过线性组合安全地聚合在一起，Diffie-Hellman 假设确保标签的不可伪造性和安全性。在公共审计中，尽管 TPA 在审计过程中没有访问实际的数据块，但仍存在数据泄露的风险，这是因为 TPA 收集了某些数据块足够多的线性组合证据，它可以通过求解这些线性组合获得数据块内容[73-74, 78, 86-89]。通常解决这个问题的方法是随机屏蔽，在审计协议中有两种方法：第一种方法中[65, 73]，TPA 计算线性屏蔽掩码 R 连同挑战一起发送给 CSP，CSP 使用该掩码计算数据证据 $proof = e(u, R)$，其中，e 是双线性对，u 是共享全局变量；第二种方法[60-61]是 CSP 生成线性屏蔽掩码 R 并计算证据 $proof' = proof + rH(R)$，其中，r 为 CSP 选择的随机变量，H 为单向散列函数。这两种方法都能够使 TPA 不再具有足够的信息分析出实际的数据内容。

然而，在一些公共审计协议中[75, 94-100]，TPA 仅知道挑战数据块的标号，攻击者会利用这个特点，不更新 DO 的外包数据块和同态可验证标签，通过使用旧版本数据块生成合法的聚合证据。在一些公共审计协议[74-76, 78-87, 101]中，在 CSP 会删除低访问频率数据块的假设下，使用简单随机方法抽取挑战数据块会降低抽中被破坏数据块的概率；另外，公共审计协议[74-76, 78-87, 96-102]授权 TPA 审计DO外包数据，属于集中式审计。这些审计协议中，"不诚实"TPA容易与DO勾结，诬陷CSP没有正确存储远程外包数据，也容易与CSP勾结发起共谋攻击，向DO提供错误的审计结果，隐瞒CSP破坏远程外包数据的行为。所以，针对上述问题设计相应的远程外包数据审计方案是研究的一个重点。

1.4.2 动态审计

动态审计是远程外包数据审计协议中必不可少的一部分。由于动态操作后，DO需要确认CSP是否正确存储动态数据块，所以简单地把静态审计协议扩展为动态审计协议是不可行的，需要新的审计方法实现动态审计。为了解决动态审计的问题，有很多经典的数据结构被引入审计协议中。MHT是DO实现动态数据公共审计协议的典型数据结构[75-78, 94]。在基于MHT的审计协议中，所有数据块的哈希值被存储到MHT的叶子结点并由此生成根结点R，在动态审计中，DO可以通过R验证数据块的存储情况。由于MHT中搜索叶子结点的复杂度是$o(n)$，因此协议[83]提出一种改进的MHT数据结构，可以把搜索复杂度降低到$o(\lg n)$。另外一种动态数据结构是Index-Hash Table（IHT），IHT存储数据块的一些属性信息（如版本号、索引号、散列值等）。在动态操作中，CSP更新数据块和其相应标签的同时，TPA也会更新IHT以保持数据块的新鲜度。在审计时，TPA使用IHT存储的相关信息辅助验证CSP生成的证据。但由于IHT是顺序存储，插入和删除操作效率比较低。为了解决这个问题，协议[86]提出一种由表和链表组成的新的数据结构动态哈希表（dynamic Hash table，DHT），DHT把每个数据块的版本号和动态操作时间戳存储在链表中，以提高插入和删除的效率。除此之外，Sookhak等人提出的分治表（divide and conquer table，DCT）同样可以解决插入、删除效率问题[87, 102]。DCT与IHT类似，存储了数据块的一些属性信息，只不过IHT把一个大表分成若干个子表，并为每个子表标记了存储的数据块范围，当发生动态操作时，协议更新对应数据块的子表后再对每个子表的数据块范围进行调整。

动态审计协议中，基于MHT的审计协议虽然可以实现数据块的删除、插入、修改操作，但是该数据结构仅叶子结点存储数据块哈希值，所以MHT高度较高，影响存储效率和查找速度；基于IHT的审计协议，其顺序存储结构造成在删除和插入操作过程中，都要频繁地移动数据块，影响动态效率；基于DHT的审计协议，虽然可以利用表和链表组合形式解决数据块频率移动的问题，但是数据结构较复杂，不仅影响查找效率，也浪费存储空间；基于DCT的审计协议，通过子表的形式解决这个问题，但是当数据块海量增加时，如何划分子表也是一个待考虑的问题。所以设计数据结构实现高效动态审计是一个重点研究问题。

1.5 云环境下安全且高效的远程外包数据审计相关技术

本节首先介绍远程外包数据审计过程中所用到的预备知识；其次，描述远程外包数据审计的基本概念、模型、算法以及常见的威胁攻击；最后，介绍远程外包数据审计过程中所用到的预备知识。

1.5.1 双线性对映射

设G是一个阶为素数p的乘法循环群，生成元为g。设G_1为一个具有相同阶的乘法循环群。定义配对运算为$e: G \times G \to G_1$，且满足下面的性质[34]：

（1）双线性。对于所有的u，$v \in G$和a，$b \in \mathbf{Z}_p^*$，$e(u^a, v^b) = e(u, v)^{ab}$。

（2）非退化性。$e(g, g) \neq 1$。

（3）可计算性。对于所有的u，$v \in G$，$e(u, v)$可在多项式时间内计算。

元组(p, G, G_1, e, g)为双线性映射的参数，由概率多项式时间算法以安全参数k为输入生成。

1.5.2 默克尔树

MHT是一种支持审计认证的数据结构，可以使用该数据结构高效安全地证明数据集中的元素是否被篡改或者删除[37-38]。在远程外包数据审计机制中，它常被用来支持动态远程数据块的更新验证。MHT 是一棵二叉树，其叶子结点保存外包数据块的散列值，父结点保存的是左右子结点的哈希值。假设 x_i 为 MHT 的结点，x_i^l 为 x_i 的左侧结点，x_i^r 为 x_i 的右侧结点，那么每个结点存储的哈希值计算如下：

$$h(x_i) = \begin{cases} h(x_i^l \| x_i^r), & x_i^r \text{为非叶子结点} \\ h(x_i), & x_i \text{为叶子结点} \end{cases} \quad (2\text{-}1)$$

图 1.5 是由 8 个叶子结点（外包数据块）构成的 MHT，叶子结点 $h(x_1)$，$h(x_2)$，…，$h(x_8)$ 由左到右按照数据块顺序依次计算存储。假设验证者要审计外包数据块 x_3 是否被正确完整地存储在云存储服务器中。首先，验证者发送该数据块的 $id(id=3)$ 给证明者；其次，证明者收到该数据块的 id 后，计算辅助认证信息（auxiliary authentication information，AAI）$\omega_3 = \langle h(x_3), h(x_4), h_c, h(b) \rangle$，并发送给验证者；最后，验证者计算 $h(d) = h(h(x_3) \| h(x_4))$ 和 $h(a) = h(h(c) \| h(d))$ 得到 $h'(r) = h(h(a) \| h(b))$，验证者通过比较本地存储的 $h(r)$ 与 $h'(r)$ 是否相同就可以得知 x_3 的存储状态。由于根结点的散列值是由叶子结点按照从左到右的顺序依次计算相应散列值得到的，叶子结点的位置可以通过计算 MHT 的根结点来验证，所以在公共审计机制中，MHT 既可以审计数据块的值，又可以审计数据块的位置。

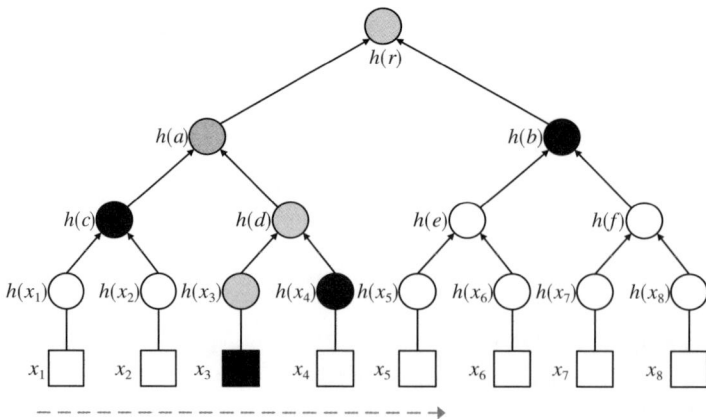

图 1.5　由外包数据块组成的默克尔树

1.5.3 同态可验证标签

HVT 被视为数据块验证的元数据[39-40]，被广泛地应用于云环境下各种远程外包数据审计协议中。

假设（pk，sk）为标签者的公私密钥对，σ_1 和 σ_2 分别为数据块 m_1 和 m_2 的标签，其中 m_1，$m_2 \in \mathbf{Z}_q$，如果基于标签的 HVT 同时满足以下两个属性，则该标签方案是同态可验证标签方案：

（1）无数据块审计。审计者可以通过待审计数据块的线性组合判断外包数据的正确性，而无须从云服务器中检索所有待审计的数据块。例如，若有数据块 m_1 和 m_2，两个随机数 y_1，$y_2 \in \mathbf{Z}_q$，数据块 $m = y_1 m_1 + y_2 m_2$，则审计者不需要知道 m 就可以审计它的正确性。

（2）非延展性。任何没有私钥的实体都不能通过组合数据块标签的方式生成新的合法的数据块标签。例如，有数据块 m_1 和 m_2 以及其对应的数据标签 σ_1 和 σ_2，两个随机数 y_1，$y_2 \in \mathbf{Z}_q$，组成数据块 $m = y_1 m_1 + y_2 m_2$，如果一个实体没有计算 σ_1 和 σ_2 所用的私钥，那么它不能通过组合 σ_1 和 σ_2 的方式生成 m 的合法数据标签 σ。

1.5.4 概率比例规模抽样

概率比例规模抽样属于不等概率抽样，它是一种使用辅助信息使每个单元可以按其规模大小成比例的概率被抽中的一种抽样方式[41-42]。具体描述如下：如果总体中第 i 个单元的规模为 U_i，那么总体的规模度量为 $U = \sum_{i=1}^{N} U_i$，其中 N 为总体中包含的单元总数，抽中第 i 个单元的概率为 $P = U_i / U$，这种不等概率抽样称为概率比例规模抽样，也就是 PPS。

PPS 抽样包括累计总和法、分裂法、拉希里法、规模累计等距抽样方法等，根据实际需求可以选择不同的抽样方法。本书选择规模累计等距抽样法，具体方法如下：假设总体中包含的单元总数为 N，每个单元的规模度量为

U_1，U_2，$\cdots$，U_N，且U_i是整数，对规模度量进行累加，直至$U = \sum\limits_{i=1}^{N} U_i$，这样可得到包含规模度量、累积和以及代码范围的累积表，$sum_j = \sum\limits_{i=1}^{m} U_i$为累积和，其中$m$为结束累积的规模度量，$Range_j = (sum_j + 1)\sim sum_{j+1}$为代码范围。若欲抽取样本的容量为$l$，则先求得等距抽样的间隔$K = U/l$，然后在$1\sim K$中随机等概率抽取一个值$R$，累积表中包含$R$的代码范围所对应的单元即第一个被抽中的单元，以后每隔K个度量值，即$R + K$，$R + 2K$，$R + 3K$，$\cdots$，$R + (l-1)K$数组所在的代码范围区间对应的相应单元即所抽中的单元。

这种抽样方法的特点是当所有单元的度量$U_i < K$时，是不重复的抽样；当某个$U_i > K$时，则第i个单元有可能被重复抽中；当$U_i < 2K$时，则第i个单元肯定会被重复抽中。这种方法使得每个单元的被抽中概率与U_i的大小成比例。

1.5.5　区块链

区块链提供了一种去中心化的、无须信任积累的信用建立范式[43-44]。区块链通过建立一个共同维护且不可被篡改的数据库记录过去的交易记录和历史数据，所有的数据都是分布式存储且公开透明的。在这种技术下，任何互不相识的网络用户都可以通过合约、点对点记账、数字加密等方式达成信用共识，不需要任何可信任的中央机构。本书涉及的区块链相关技术如下。

1.5.5.1　以太坊与智能合约

以太坊（Ethereum）是一个建立在区块链技术之上的拥有智能合约功能的去中心化应用平台，通过其专用加密货币以太币（Ether）提供去中心化的以太虚拟机（Ethereum virtual machine，EVM）处理点对点合约[45-48]。它允许任何人在平台中建立和使用区块链技术去中心化应用，并在其中设立他们自由定义的所有权规则、交易方式和状态转换函数。

智能合约允许在没有第三方的情况下进行可信交易，这些交易可追踪且不可逆转[49]。以太坊的智能合约可以被视为一个包含可执行代码的特殊交易，矿工会把该交易打包记录在某一个区块中，当需要调用这个智能合约中的方法时，只需要向目的合约地址发送一笔交易费用即可，因为触发的条件和账户地址都被写入代码中，所以可以最大限度地排除人为因素的干扰。智能合约执行会在所有结点中被多次重复，而且任何人都可以发布执行合约，这导致合约执行的消耗高。为了防止以太坊网络发生蓄意攻击或被滥用的现象，以太坊引入Gas机制，规定交易或合约调用的每个运算步骤都需要收费，在以太坊中，每一个操作都需要消耗一定数量的Gas。以太坊发起每笔交易时，都会预设一定量的Gas限制，如果在执行过程中，Gas被消耗完，那么操作就会失败，可以说Gas是EVM内部流通的货币。

1.5.5.2 随机信标延时函数

一般情况下，通过随机数生成器产生的随机数是无法预测的数字或者符号序列。在以太坊中，用户可以使用区块链当前区块的随机数作为随机数的生成种子，但是这种方法被证明是不安全的[50-54]。区块链的随机值可能被矿工所控制，矿工可以控制网络阻止它不想要的随机结果，或者直接丢弃它不想要的随机数的块。Bünz等人提出使用延迟函数的方法解决这个安全问题[52]，具体方法如下：

假设延时函数 $F(x) = f^t(x)$，其中 $f(x)$ 为确定性函数，t 为延迟时间。为了验证延时函数的正确性，公布 $y_i = f^{i \cdot k/k}(x)(x \in [1, k])$，$k$ 表示验证的时间点。令 $y_0 = x$，$y_i = f^{i \cdot k/k}(y_{i-1})$，那么最后的验证点为 $y = f^t(x) = f^{i \cdot k/k}(x) = y_k$。当要验证延迟函数的结果时，智能合约只要花费少量的Gas计算 $y_i = f^{i \cdot k/k}(x)$ 即可。

1.5.6 计算复杂性难题假设

（1）离散对数（discrete logarithm，DL）问题[35]。给定元素 $\beta \in G$，求整数 $x \in \mathbf{Z}_p$，使得 $\beta = g^x$ 成立。

（2）计算性Diffie-Hellman（computational Diffie-Hellman，CDH）问题[35-36]。给定 g^x，$g^y \in G$，其中 $x, y \in \mathbf{Z}_p$，求解 g^{xy}。设在时间 t 内，敌手A成功输出 g^{xy} 的概率为：$succ_G^{CDH}(A) = Pr(A(g^x, g^y) = g^{xy}) \leq \varepsilon$，其中 ε 是可忽略的。如果 ε

可忽略不计，解决CDH问题被认为是困难的。

1.5.7 归约证明方法

可证明安全性是指利用数学中反证法的思想，采用归约的方式进行证明[61-62]。归约证明方法主要原理是将一个以不可忽略的概率成功"攻破"某协议的有效敌手A，转换为一个成功解决某个难题的有效算法 B_A[63]。

假设存在某个难题Y能被成功解决的概率是可忽略的，若证明某个协议Γ是安全的，则可按照如下步骤执行：

（1）确定敌手A在多项式时间内攻破协议Γ。

（2）提出一个新的算法 B_A，A 为 B_A 的子程序，输入给 B_A 的是希望解决的计算困难问题Y的实例y，输入给A的是Γ，而 B_A 输出的是y的解决结果。假设A是一个积极的攻击敌手，它可以与 B_A 交互。

（3）A向 B_A 询问与成功目标无关的问题，比如A对输入的公钥向 B_A 进行解密预言询问或标签-预言询问，B_A 提供正确的运行结果，并将y嵌入A的查询输出。

（4）如果A以不可忽略的概率利用Γ的结果解决了y，意味着 B_A 也会以不可忽略的概率解决y，这与假设Y被成功解决的概率是可忽略的相矛盾，说明Γ是安全的。

总体来说，归约证明过程首先要假设困难问题，指出成功解决这个困难问题的概率是可忽略的，并确立方案或者协议的安全目标。其次，构建敌手模型，模型主要包括敌手的攻击目标和攻击行为。比如在加密方案中，攻击目标是敌手能够区分挑战密文所对应的明文，攻击行为是敌手能够对它选择的某个消息加密，或者对它选择的某个密文解密等；在标签的方案中，攻击目标是敌手获取标签者的私钥，也可以是对任意消息伪造标签或能够伪造出一个特定消息的标签，攻击行为可以是敌手要求对它选择的某些消息进行标签，也可以是根据以前的问答适应性地修改随后的询问等。最后，归约论断，把敌手成功攻击归约为解决假设好的困难问题。

1.5.8 随机预言机

1993 年，Bellare 和 Rogaway[64]从 Fiat 和 Shamir[65]的思想中受到启发，从哈希函数抽象出一种计算模型，称为随机预言机（random oracle，RO）模型。随机预言机的准确定义如下。

哈希函数 $H: \{0, 1\}^* \rightarrow \{0, 1\}^n$ 如果满足下列性质，则称为随机预言机：

（1）均匀性。预言机的输出在 $\{0, 1\}^n$ 上均匀分布。

（2）确定性。对于相同的输入，H 的输出值必定相同。

（3）有效性。给定一个输入串 x，$H(x)$ 的计算可以在关于 x 长度的低阶多项式（理想情况是线性的）时间内完成。

随机预言机的确定性和均匀性输出特性意味着随机预言机输出的熵大于其输入的熵，但根据香农熵理论，一个确定函数绝不可能"放大"熵，因此在实际环境中，随机预言机是不存在的，这里哈希函数仅仅以某种精度仿真随机预言机的行为，希望它们之间的差异是一个可忽略的量。

在 RO 模型下归约论断主要表现为[66-68]：首先，形式化定义密码方案的安全性，假设概率多项式时间的敌手能够以不可忽略的概率攻破方案；其次，挑战者为敌手提供一个与实际环境不可区分的模拟环境（RO模型），回答敌手的所有 Oracle 询问；最后，利用敌手的攻击结果设法解决基础难题。

1.6 本书主要研究内容

本书以云环境下远程外包数据审计机制为研究背景，从安全和效率两个角度出发，对云环境下安全且高效的远程外包数据审计机制技术进行研究，具体研究内容包括以下几个方面。

1.6.1 抗新型重放攻击的远程外包数据审计机制

针对远程外包数据审计机制下的动态操作过程中 CSP 不更新数据块而引发

的重放攻击问题，本书拟对这种重放攻击进行模拟、抽象和定义，并基于双线性对、同态可验证标签等技术，研究可抵抗该攻击的远程外包数据审计机制，提高远程外包数据审计机制的安全性。

1.6.2 基于区块链的分布式远程外包数据审计机制

针对集中式审计所引发的数据隐私泄露以及共谋攻击、"不诚实"审计等问题，本书拟对区块链智能合约技术进行研究，实现基于区块链的分布式远程外包数据审计机制，并研究使用区块链最新Nonce生成挑战数据块时所引发的矿工操控Nonce破坏随机值随机性的恶意行为、以太坊智能合约Gas机制所带来的计算局限性问题以及加密货币应用问题，提高分布式审计机制的安全性和高效性。

1.6.3 基于按规模大小成比例概率抽样的远程外包数据审计机制

针对审计机制中使用随机抽样方法以等概率方式抽取挑战数据块所造成的低效率问题，本书在CSP恶意删除用户低访问频率外包数据块的假设下，拟研究使用不等概率抽样方法抽取挑战数据块，同时本书也从TPA角度出发，研究高效率的远程外包数据审计机制。

1.6.4 边云协同网络中基于哈希平衡树的远程外包数据审计机制

针对经典数据结构MHT所引发的低效率审计问题，本书拟研究动态平衡树，设计高存储效率的数据结构，并基于边云协同网络架构特点，提出适用于该网络环境的高效且安全的远程外包数据审计机制。

本书共分5章，各章节的内容如下。

第1章，绪论。介绍远程外包数据，云环境下外包数据存储要解决的问题；概述云环境下安全且高效的远程外包数据审计模型；说明本书研究过程中所用到的密码学安全理论假设和安全工具，以及本书的研究内容与主要贡献。

第2章，抗新型重放攻击的远程外包数据审计机制。研究云环境下远程外包数据审计过程中所遇到的威胁攻击。定义一种新型重放攻击，抽象出一些易遭受该攻击的协议模型，模拟攻击过程；基于该新型重放攻击，提出抗新型重放攻击的远程外包数据审计机制；安全分析和性能评估证明了机制的安全性和高效性。

第 3 章，基于区块链的分布式远程外包数据审计机制。研究外包数据分布式审计的问题。针对这种集中式审计所遇到的安全问题提出基于区块链的分布式远程外包数据审计机制，并解决把区块链引入审计机制中所遇到的一系列问题；机制支持公共审计、动态审计和批量审计，同时机制引入保证金模式，实现有偿审计。安全性分析和性能评估均表明所提出机制的安全性和合理性。

第 4 章，基于按规模大小成比例概率抽样的远程外包数据审计机制。研究云环境下提高远程外包数据审计效率的问题。根据 CSP 会删除 DO 低访问频率数据块的假设，说明使用随机抽样方法抽取挑战数据块会降低审计机制效率，针对该问题，设计 PPS 抽样方法抽取挑战数据块，提出基于按规模大小成比例概率抽样的远程外包数据审计机制，同时增加 CSP 信用度功能，减轻系统各实体计算压力。安全性分析和性能评估均表明该机制能够提高外包数据的审计效率。

第 5 章，边云协同网络中基于 HBT 的远程外包数据审计机制。研究边云协同网络环境下远程外包数据审计机制的效率与安全问题。针对 MHT 作为动态数据结构所引发的效率问题，定义 HBT 数据结构以及结点动态序号组成方式与比较方法，提出边云协同网络中基于 HBT 的远程外包数据审计机制。安全性分析和性能评估均证明了该审计机制的安全性和高效性。

第2章 抗新型重放攻击的远程外包数据审计机制

针对一些远程外包数据审计协议，CSP修改数据块时不更新数据块而引发重放攻击问题，本章在原有重放攻击基础上，定义一种新型重放攻击，设计协助防御该攻击的数据结构，并提出抗新型重放攻击的远程外包数据审计机制，实现公共审计、动态审计和批量审计。安全性分析和性能评估证明了该机制的安全性和实用性。

2.1 引　言

云存储整合了各种类型的设备为外包数据提供存储服务。虽然云存储所提供的服务便捷有效，但它仍面临许多挑战，其中最重要的挑战就是存储安全问题，为此，有很多学者研究远程外包数据审计协议并不断完善这些协议。目前的审计协议不但已经能够抵抗由CSP发起的伪造攻击、替代攻击和重放攻击，还可以保护DO的数据隐私。然而，对于一些审计协议[75, 94-100]，TPA仅知道挑战数据块的标号，不清楚关于挑战数据块的其他最新信息，比如版本号、MHT树根、数据动态操作时间等，攻击者会利用这个特点，在动态操作中不更新DO外包数据块和同态可验证标签，使用旧版本数据块生成合法的聚合证据。针对这个问题，本章提出新型重放攻击——重放攻击II，从不能抵抗这种攻击的审计协议中抽象出通用审计模型，并以抽象模型为例描述重放攻击II的攻击过程。基于该攻击，本章提出抗新型重放攻击的远程外包数据审计机制（remote outsourcing data auditing mechanism against new replay attacks，ANR-AM），设计支持公共审计和动态审计的动态索引表（dynamic index table，DIT），该数据结构由 DO 本地存储。DIT 具有如下优点：第一，TPA 不存储 DIT，除了挑战数据块的标号外，不知道任何其他相关信息，保护了数据隐私；第二，动态修改阶段，DO 使用 DIT 验证待修改数据块的新鲜度，抵抗新型重放攻击；第三，与动态数据结构为 MHT 的审计机制相比，ANR-AM 的动态过程不需要计算辅助路径，减轻了 DO 的计算压力；第四，与 TPA 保存动态数据结构的审计机制相比，ANR-AM 在动态操作过程中不需要 TPA 与 DO 的额外通信，减少了通信开销。本章的贡献具体如下：

（1）本章定义重放攻击 II。根据一些不能抵抗该攻击的审计协议抽象出通用的审计模型，通过该模型描述重放攻击 II 的攻击过程，并总结发生该类型攻击的原因。

（2）针对重放攻击 II，本章提出抗新型重放攻击的远程外包数据审计机制——ANR-AM。ANR-AM 可以抵抗审计机制中常见的三种类型攻击和重放攻击 II，支持公共审计、动态审计和批量审计，并保护 DO 外包数据隐私。

（3）安全分析结果证明了 ANR-AM 的安全性。性能评估机制与其他审计协议对比，说明 ANR-AM 在通信复杂度和计算复杂度方面的合理性。

2.2　问题阐述

本节介绍 ANR-AM 的系统模型、威胁模型和设计目标。

2.2.1　系统模型

图 2.1 展示了 ANR-AM 的系统模型，该模型包含三个实体——CSP、TPA 和 DO。实体的具体定义如 1.3 节所述。

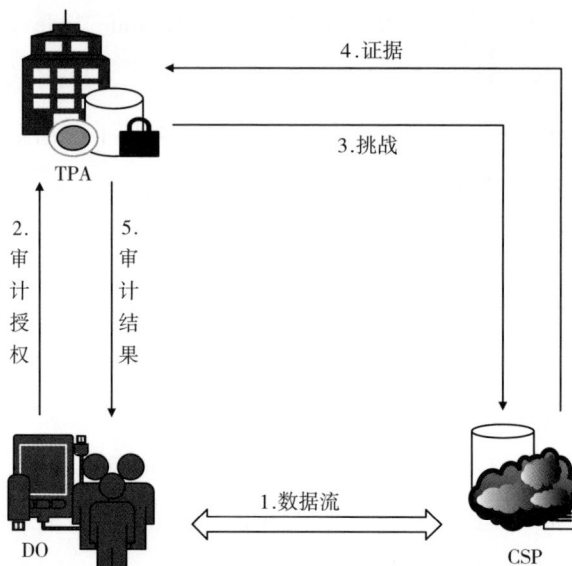

图 2.1　ANR-AM 系统模型

在 ANR-AM 中，DO 将数据外包到云服务器中以减轻本地存储压力。由于 DO 删除本地数据副本，不再掌控自己的数据，所以 DO 需要在没有数据副本的情况下定期验证外包数据是否完整正确地存储在 CSP 中。然而，在通常情况下，DO 没有足够的计算资源实时在线地审计这些数据，需要授予可信的 TPA 审计权限，授权后的 TPA 会随机抽取若干数据块标号组成挑战数据集发送给 CSP，CSP 根据挑战集合计算聚合证据返回给 TPA。TPA 收到证据后，使用 DO 公钥审计聚合证据，同时 T 机制也支持批量审计和动态审计，并确定更新过程中数据的完整性和正确性。

2.2.2　威胁模型

在 ANR-AM 机制中，假设 CSP 是"半诚实"实体[25, 32]，意味着 CSP 可能会删除或者篡改 DO 的外包数据块，并企图伪造聚合证据或者使用旧的聚合证据通过审计。TPA 被假设为"半诚实"实体[25, 32]，表示它能够按照 ANR-AM 机制要求执行审计任务，但同时它又对 DO 的数据内容感到好奇，所以 TPA 会对所感兴趣的数据块发起若干次挑战，企图通过 CSP 返回多个聚合证据，计算出数据块的具体信息。针对以上情况，ANR-AM 考虑第 1 章提到的四种攻击以及后面章节所描述的重放攻击 II 。

2.2.3　设计目标

根据上述威胁模型，ANR-AM 的设计目标如下：

（1）公共审计。任何有计算能力且被 DO 信任的实体，在没有数据副本的情况下，都可以审计 DO 的外包数据。

（2）动态操作。支持 DO 动态更新（插入、删除、修改）其外包到 CSP 中的数据，并保证动态操作对象是最新且未被篡改的数据块。

（3）批量审计。当多个 DO 发起审计请求时，TPA 能够同时处理这些审计请求并且不增加计算负担。

（4）存储安全。DO 的外包数据被 CSP 恶意破坏后，CSP 不能根据这些被损坏的数据块生成合法的聚合证据。

（5）隐私保护。TPA 不能通过计算相同数据块的多个聚合证据得到这些数据块信息，泄露 DO 的外包数据信息。

2.3　新型重放攻击

本小节定义重放攻击 I ，在此基础上抽象审计协议模型，再定义新型重放攻击——重放攻击 II ，并寻找发生重放攻击 II 的原因。

2.3.1　重放攻击 I

本书称 1.3.3 小节所述的重放攻击为重放攻击 I 。具体过程描述如下：在审计过程中，TPA 向 CSP 发送关于 m_i 的审计挑战，CSP 收到后会根据 m_i 和它的同态可验证标签 σ_i 计算出合法的聚合证据 p_{iold}。假设在上次成功审计 m_i 后，CSP 由于一些因素删除了 m_i，这时 TPA 再一次发起针对 m_i 的挑战。为了通过审计，CSP使用上一次 m_i 的聚合证据 p_{iold} 作为当前的聚合证据发送给TPA，并且再次审计成功。

2.3.2 重放攻击 II

本节定义重放攻击 II。攻击过程如下：假设外包数据集为 $M = \{m_i\}_{i \in [1, n]}$，DO要把第 i 个数据块 m_{iold} 修改为 m_{inew}。重放攻击 II 分三步完成：首先，DO向CSP发送修改请求，CSP遵守审计规则正常执行该请求，但是CSP最终没有存储 $\{m_{inew}, \sigma_{inew}\}$，仍然保存 $\{m_{iold}, \sigma_{iold}\}$。其次，TPA对修改后的第 i 个数据块 m_{inew} 发起挑战，由于 m_{iold} 和 m_{inew} 标号相同，CSP收到挑战后根据 $\{m_{iold}, \sigma_{iold}\}$ 计算 m_{inew} 的聚合证据 $proof_{m_{iold}}$，并且该聚合证据可以通过TPA验证。最后，当DO再次修改数据块 m_{inew}（实际存储的是 m_{iold}）时，它不会发现CSP已经删除数据块 m_{inew}。目前，很多协议都可以防御重放攻击 I，但是不能够防御重放攻击 II[75, 94-100]，详细的攻击过程如下。

第一次修改过程如图2.2所示。假设 $\Phi = \{\sigma_i\}_{1 \le i \le N}$ 为 M 的同态可验证标签集合，pk 和 g 表示 DO 的部分公钥。CSP根据 m_i 和 σ_i 计算聚合证据 $\{p_i\}_{i = \{1, 2, \cdots, max\}}$，DO生成类似于消息验证码的数据 F_{name}，并发送给CSP，DO向TPA发送name。动态审计数据结构可以划分为树形结构（Tcase）和非树形结构（NTcase）两种形式。树形结构又可以分为Tcase1和Tcase2。假设DO外包数据正确地存储在云服务器上。在Tcase1情况中，CSP收到DO发起的修改数据块 m_{iold} 请求后，根据 m_{inew} 及其辅助路径 ω_{inew} 生成新MHT根 R_{new}，其中修改数据块下标相等，辅助路径相等，即 $i_{old} = i_{new}$，$\omega_{iold} = \omega_{inew}$，CSP发送旧MHT根哈希计算后的标签 $sig_{sk}(H(R_{old}))$、ω_{iold}、$H(m_{iold})$ 和 R_{new} 给DO，DO通过 ω_{iold} 和 $H(m_{iold})$ 计算得到旧MHT根 R_{old}，并使用该值审计 $sig_{sk}(H(R_{old}))$。审计通过后，DO根据 ω_{iold} 和待更新的数据块 m_{inew} 计算 R'，并与CSP发送的 R_{new} 验证对比。由于CSP此时没有恶意行为，DO验证通过，向CSP发送新MHT根结点的哈希标签 $sig_{sk}(H(R_{new}))$，但最后CSP没有存储修改后的数据 $\{m_{inew}, \sigma_{inew}\}$，而继续保

存 $\{m_{iold}$，$\sigma_{iold}\}$。Tcase2、NTcase 与 Tcase1 情况类似，但是 CSP 最后没有存储 $\{m_{inew}$，$\sigma_{inew}\}$，仍然继续保存 $\{m_{iold}$，$\sigma_{iold}\}$。

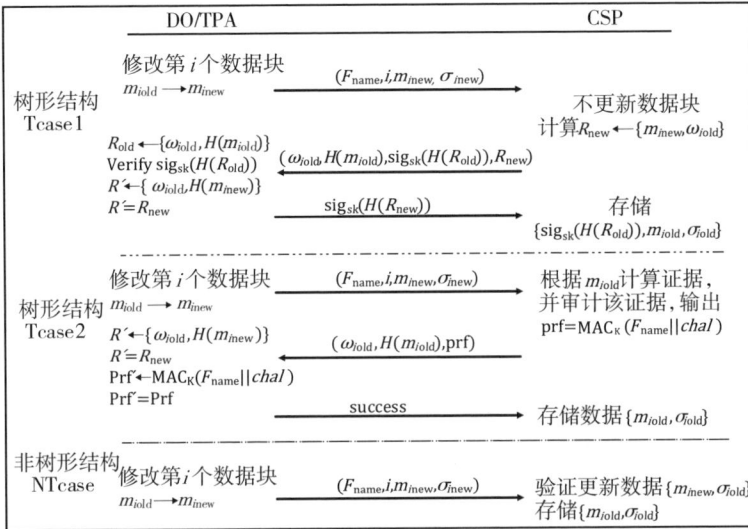

图 2.2　重放攻击 II 修改操作

审计阶段具体过程如图 2.3 所示。TPA 向 CSP 发送挑战请求 $chal = \{(i，o_i)\}$，对数据块 m_{inew} 发起挑战。CSP 收到挑战后，根据 m_{iold} 和 σ_{iold} 计算聚合证据 $\{p_{iold}\}_{i=\{1,2,\cdots,max\}}$ 并返回给 TPA。在 Tcase1 和 NTcase 情况下，TPA 仅知道 m_{inew} 标号 i，TPA 使用 CSP 生成的审计证据 $p = \left(\{p_{iold}\}_{i=\{1,2,\cdots,max\}}，i，pk\right)$ 审计数据块 m_{inew}，TPA 根据 ω_{iold} 和 $H(m_{iold})$ 计算 R_{old}，并验证 R_{old} 和 m_{inew}。由于审计等式左右两边都是关于 m_{iold} 的数据，所以等式成立，审计成功。Tcase2 与 Tcase1 情况不同，在 Tcase2 情况下，为了减轻 TPA 计算压力，由 CSP 代替 TPA 审计聚合证据，审计结束后，CSP 把审计结果发送给 TPA，TPA 验证审计结果；在 CSP 的审计过程中，与 Tcase1 情况相同，CSP 仍可以使用由 m_{iold} 计算的聚合证据通过 TPA 的最后验证，并计算 F_{name} 和 $chal$ 的消息认证码 prf = $MAC_K(F_{name}\|chal)$ 发送给 TPA。由于 TPA 只审计 prf，并且 prf 是合法的，所以 TPA 审计通过。NTcase 情况与 Tcase1 相同，CSP 收到挑战后使用 m_{iold} 相关数据

计算聚合证据，但由于审计等式左右两边都是关于 m_{iold} 的数据，所以 TPA 审计通过。

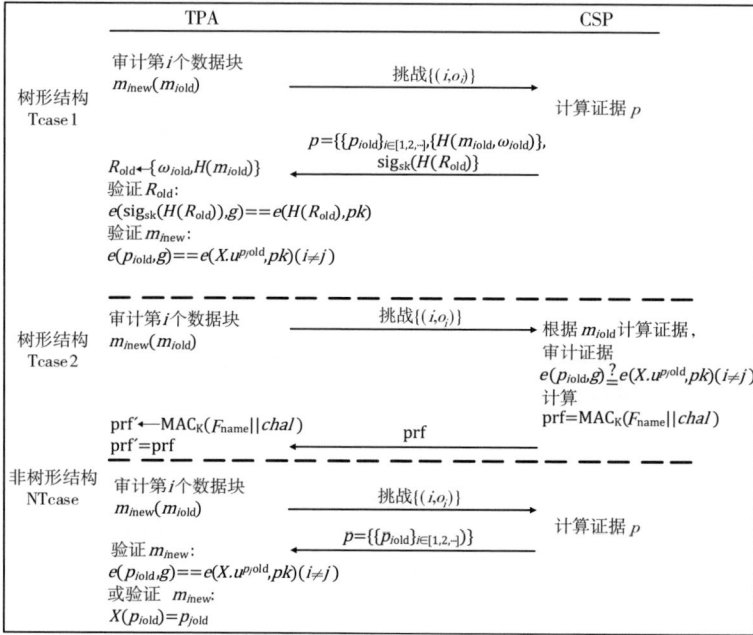

图 2.3　重放攻击 Ⅱ 审计操作

DO 再次把 m_{inew} 修改为 m'_{inew}，如图 2.4 所示。DO 向 CSP 发送修改数据块 m_{inew} 的请求。在 Tcase1 情况中，CSP 使用 $\{m'_{inew}，\omega_{iold}\}$ 计算 MHT 新的根结点 R'_{inew}，并与其他数据组成验证消息 $\{\omega_{iold}，H(m_{iold})，\text{sig}_{sk}(H(R_{old}))，R'_{new}\}$ 发送给 DO，DO 使用 $\{\omega_{iold}，H(m_{iold})\}$ 和 $\text{sig}_{sk}(H(R_{old}))$ 验证 MHT 未修改时的根结点 R_{old}。虽然是验证 R_{old}，但最终目的是检查 $H(m_{inew})$ 的正确性，图中审计等式左右两边都与 m_{iold} 相关，所以审计验证通过。DO 再使用 $\{\omega_{iold}，H(m'_{inew})\}$ 验证 R'_{new}，其中 $R'_{new} \leftarrow \{H(m'_{inew})，\omega_{iold}\}$，而 $R_{new} \leftarrow \{H(m_{inew})，\omega_{iold}\}$，并且 $m'_{inew} = m_{inew}$，所以审计等式成立，这说明 DO 不会发现 CSP 已经删除 m_{inew} 的恶意行为。DO 向 CSP 发送 $\{\sigma_{inew}，\text{sig}_{sk}(H(R_{new}))\}$ 更新旧的数据块，CSP 仍可以继续保存旧的数据块和标签。在 Tcase2 情况中，CSP 执行审计 m_{inew} 的操作（P1），TPA 执行审

计根结点 R_{new} 的操作（P2）。根据上述叙述得知，CSP 使用 m_{iold} 产生的聚合证据可以通过 P1，TPA 使用 $\{\omega_{iold}, H(m'_{inew})\}$ 可以通过 P2，所以 TPA 不能发现 CSP 已经删除 m_{inew} 的恶意行为。在 NTcase 中，修改操作没有审计过程，可以直接修改。

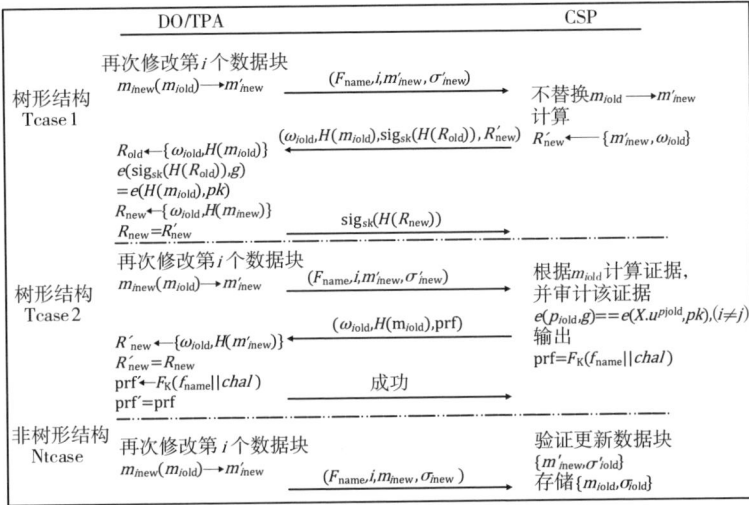

图 2.4　重放攻击 Ⅱ 第二次修改操作

通过上述的分析可以得到如下结论：在审计过程中，如果 TPA 除了拥有数据块逻辑顺序标号 i 外，没有任何有关数据块 m_i 的其他信息，比如版本号、数据块更新时间等，那么该审计协议不能抵抗重放攻击 Ⅱ。

2.4　ANR-AM：抗重放攻击 Ⅱ 的远程外包数据审计机制

本节针对重放攻击 Ⅱ，提出可抵抗该攻击的数据结构动态索引表，并基于该数据结构详细描述 ANR-AM 机制。

2.4.1　动态数据结构

为了抵抗重放攻击 Ⅱ，本节定义辅助动态操作的数据结构动态索引表

（DIT）。具体数据结构见表 2.1，DIT 包含两列，分别为数据块标号（data block ID，BID）和数据块版本号散列值（data block version hash，BVH）。BID 是外包数据块的逻辑顺序标号，BVH 表示数据块最新版本号的哈希值，该哈希值由安全的哈希函数 $H(\cdot)$ 生成。$H(v_{ti})$ 表示第 i 个数据块的第 t 次更新后的版本号。如果动态更新次数为 0，$H(v_{ti})$ 可以表示为 $H(v_{0i})$。

表 2.1 动态索引表

BID	HBV
1	$H(v_{t1})$
2	$H(v_{t2})$
⋮	⋮
i	$H(v_{ti})$
⋮	⋮
n	$H(v_{tn})$

2.4.2 ANR-AM 详述

2.4.2.1 设置阶段

（1）生成密钥。DO 选择随机密钥对 $\{ssk，spk\}$，DO 的私钥为 $\{\alpha，ssk\}$，$\alpha \in \mathbf{Z}_p$ 是一个随机值；DO 的公钥为 $\{v，spk\}$（$v = g^{\alpha}$）。

（2）初始化 DIT。DO 根据数据块的信息 $\{BID，v_{ti}\}$ 构建 DIT。v_{ti} 为数据块的版本号，DO 在计算 v_{ti} 的哈希值后把它们添加到 DIT 中。

（3）同态数据可验证标签。DO 计算每个数据块 $m_i \in M$（$i \in [1，n]$）的同态可验证标签：

$$\sigma_i = (H(v_{ti}) \cdot u^{(m_i + i)})^{\alpha} \tag{2-1}$$

得到外包数据块同态可验证标签集合：

$$\varPhi = \{\sigma_i\}_{1 \leqslant i \leqslant n} \tag{2-2}$$

令 $m_i' = m_i\|v_{ti}$，那么 $M' = \{m_i'\}_{i=1}^{i=n}$，DO 计算 M' 的标签：

$$\mathrm{tag} = \mathrm{name}\|n\|u\|\mathrm{sig}_{ssk}(\mathrm{name}\|n\|u) \tag{2-3}$$

作为其唯一标识。DO 发送 $\{M'，\varPhi，\mathrm{tag}\}$ 给 CSP，随后删除本地存储的 $\{M，\varPhi\}$。

2.4.2.2　审计阶段

（1）生成挑战。TPA 代表 DO 发起审计挑战。TPA 使用 DO 的公钥 spk 验证 CSP 发送的数据标签 tag。如果验证失败，TPA 通知 DO 外包数据 M' 没有正确地存储在云服务器中，反之，它恢复随机值 u。TPA 从 DIT 的 BID 列中随机选择 c 个元素组成集合 $I = \{s_1，s_2，\cdots，s_c\}$，并为集合 I 中每个元素选择一个随机值 o_i，最后 TPA 向 CSP 发送挑战数据 $chal = \{(i，o_i)_{i \in I}\}$。

（2）生成聚合证据。CSP 收到挑战数据 $chal$ 后，计算聚合证据。聚合证据包含四个部分——标签证据（σ）、数据证据（μ）、版本号证据（ξ）和随机数证据（$Rand$）。CSP 挑选随机数（l）计算随机数证据：

$$Rand = w^l = (u^\alpha)^l \tag{2-4}$$

CSP 通过 $(Rand，l，r_i，m_i)$ 组合计算得到数据证据：

$$\mu = \sum_{i \in chal} o_i \cdot m_i + l \cdot h(Rand) \tag{2-5}$$

CSP 根据式（2-6）计算标签证据：

$$\sigma = \prod_{i \in chal} \sigma_i^{r_i} \tag{2-6}$$

版本号证据确保数据块是最新的，计算如下：

$$\xi = \prod_{i \in chal} H(v_{ti})^{r_i} \tag{2-7}$$

最后，CSP发送聚合证据$P = \{\mu,\ \sigma,\ \xi,\ Rand\}$给TPA。

（3）审计。TPA按照如下等式审计从CSP接收到的聚合证据：

$$e(\sigma \cdot Rand^{h(Rand)},\ g) \overset{?}{=} e(\xi \cdot u^{\mu + \sum\limits_{i \in I} i \cdot o_i},\ v) \tag{2-8}$$

如果等式相等，TPA确定DO外包数据正确完整地存储在云服务器上；反之，说明DO外包数据已遭受破坏。

2.4.3　动态审计

在实际应用中，DO会动态更新外包数据块。在ANR-AM中，DIT辅助DO完成动态更新操作，具体如图2.5所示，动态更新操作包含修改、插入和删除。由于重放攻击 II 只发生在修改阶段，所以为了抵抗该攻击，DO必须在修改过程中确保目标修改数据块是最新的。删除和插入操作则不需要该操作。当动态操作失败时，CSP会给DO发送失败消息，DO回滚DIT。具体的动态操作过程如下。

2.4.3.1　修改操作

假设DO要把第i个数据块m_i修改为m'_{inew}。DO向CSP发送修改请求$O_M = \{name_{M'},\ i\}$。CSP收到O_M后，寻找相应的数据块和其同态可验证标签，然后向DO发送$R_M = \{m_i,\ \sigma_i\}$。DO收到数据后，在DIT表中寻找数据块m_i的版本号$H(v_{ti})$，使用$H(v_{ti})$和R_M根据式（2-1）计算数据块m_i的标签σ'_i，检查σ'_i是否

等于 σ_i。如果两者相等，DO 向 CSP 发送 $\{m'_{inew},\ \sigma'_{inew}\}$ 并且修改 DIT 表；否则，说明 m_i 不是最新的数据块。CSP 收到来自 DO 的数据 $\{m'_{inew},\ \sigma'_{inew}\}$ 后，修改相应的数据块和数据同态可验证标签。如果操作失败，CSP 向 DO 发送失败消息，DO 回滚 DIT。

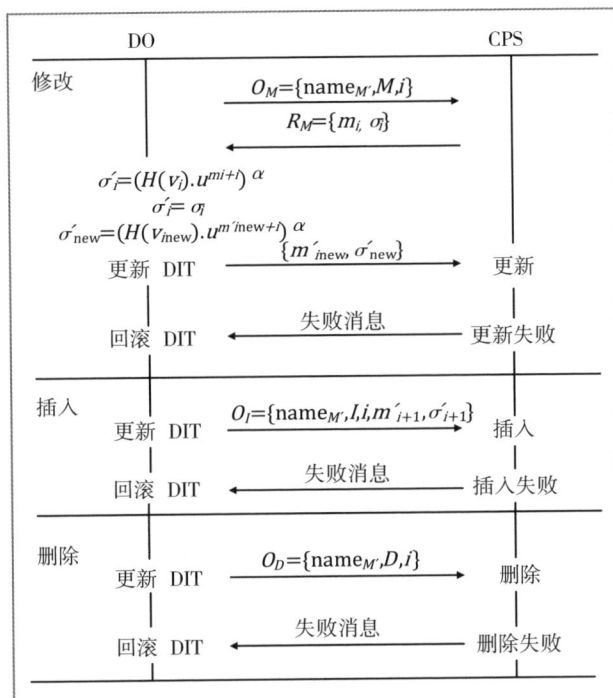

图 2.5　动态操作流程

2.4.3.2　插入操作

假设 DO 要把数据块 m'_i 插入 M 中的第 i 个数据块 m_i 后。DO 向 CSP 发送插入请求 $O_I = \{name_{M'},\ i,\ m'_{i+1},\ \sigma'_{i+1}\}$ 并且更新 DIT。CSP 收到请求插入 O_I 后，把 m'_{i+1} 和 σ'_{i+1} 插入相应位置。如果操作失败，CSP 向 DO 发送失败消息，DO 回滚 DIT。

2.4.3.3　删除操作

假设 DO 要删除第 i 个数据块 m_i。DO 向 CSP 发送删除请求 $O_D = \{name_{M'},\ i\}$ 并且更新 DIT。CSP 收到请求删除 O_D 后，删除 m_i 和其标签 σ_i。如果操作失败，CSP 向 DO 发送失败消息，DO 回滚 DIT。

2.4.4　批量审计

假设有 k 个不同的 DO 同时发起审计请求，其中 $k \in [1, 2, \cdots, K]$，TPA 收到请求后向 CSP 发送挑战，CSP 接到挑战后计算随机证据 $Rand_k = (u_k^{\alpha_k})^{l_k}$、数据证据 $\mu_k = \sum_{i \in chal} o_i \cdot m_{k, i} + l_k \cdot h(Rand_k)$、标签证据 $\sigma_k = \prod_{i \in chal} \sigma_{k, i}^{r_i}$ 和版本号证据 $\xi_k = \prod_{i \in chal} H(v_{k, i})^{r_i}$，得到最终的聚合证据 $P_k = \{\mu_k, \sigma_k, \xi_k, Rand_k\}$。CSP 把聚合证据 P_k 返回给 TPA，TPA 使用如下的审计等式审计聚合证据：

$$e\left(\prod_{k=1}^{K}(\sigma_k \cdot Rand_k^{h(Rand_k)}), g\right) \stackrel{?}{=} \left(e\prod_{k=1}^{K}(\xi_k \cdot u_k^{\mu_k + \sum_{i \in chal} i \cdot o_i}), \prod_{k=1}^{K} v_k\right) \qquad (2-9)$$

如果等式相等，说明所有 DO 的挑战数据块都正确完整地存储在服务器中，反之说明至少有一个 DO 的挑战数据块出现了问题。

2.5　安全性与正确性分析

本节对 ANR-AM 的安全性和正确性进行分析和证明。

2.5.1　安全模型

根据 2.2.2 小节中所描述的威胁模型可知，在 ANR-AM 中，CSP 是一个"半诚实"实体，所以针对 ANR-AM 的安全要求，给出如下的安全模型，用于分析 ANR-AM 的安全性。

（1）聚合证据不可伪造。在审计过程中，使用伪造的聚合证据来通过 ANR-AM 机制的完整性审计是不可行的。

假设存在一个挑战者 C 和概率多项式敌手 A，如果敌手 A 能够以可忽略的概率伪造聚合证据并通过审计，那么该机制的聚合证据是不可伪造的。

初始化：构造挑战者 C 与敌手 A 之间的聚合证据不可伪造游戏，挑战者 C

构造算法 B_A，为敌手 A 模拟出 ANR-AM 环境，敌手 A 可以向 B_A 问询，并根据问询生成标签证据，B_A 对标签证据执行审计协议。这里 B_A 和敌手 A 分别为验证者和证明者。

问询：有 H–预言机和标签–预言机，敌手 A 可以向 H–预言机问询关于某些数据块版本号的哈希值 $H(v_{ti})$，这些数据块标号和版本号组成的集合表示为 $\{(i,\ v_{ti})\} \in J_1$；同时，敌手 A 也可以向标签–预言机问询关于某些数据块的标签，其组成的集合表示为 $\{(i,\ m_i,\ \sigma_i)\} \in J_2$，$J_2 \cdot i \subset J_1 \cdot i$。

挑战：B_A 生成挑战集合 $chal = \{(i,\ o_i)_{i \in I}\}$，其中 $I = \{s_1,\ s_2,\ \cdots,\ s_c\}$。挑战集合 $chal$ 中有一组值 $(i^*,\ o_{i^*})$ 可以向 H–预言机请求标签，但是不能向标签–预言机问询关于 m_{i^*} 的标签，即 $\{i^* | i^* \in J_1 \cdot i$ 且 $i^* \notin J_2 \cdot i\}$，其余挑战集合中的挑战值可以向标签–预言机问询相关的数据块标签。这说明敌手 A 若想通过审计，则必须伪造 m_{i^*} 标签，并生成合法的聚合证据。

输出：如果敌手 A 能够根据挑战伪造出合法的聚合证据，通过 B_A 的完整性审计，那么敌手 A 赢得游戏。

（2）标签不可替代。在审计过程中，CSP 不能使用不属于挑战范围内数据块的相关数据代替挑战数据块生成通过 TPA 审计验证的合法聚合证据。

假设存在一个挑战者 C 和概率多项式敌手 A，如果敌手 A 发起标签不可替代攻击，并能以可忽略的概率生成合法的聚合证据并通过 TPA 审计，那么该机制具有标签不可替代性。

初始化：构造挑战者 C 与敌手 A 之间的标签不可替代的游戏，挑战者 C 构造算法 B_A，为敌手 A 拟出 ANR-AM 环境，敌手 A 可以向 B_A 问询，B_A 根据问询结果执行审计协议。这里 B_A 为验证者，而敌手 A 为证明者。

问询：敌手 A 可以向 H–预言机问询关于某些数据块版本号的哈希值 $H(v_{ti})$，其组成的集合为 $\{(i,\ v_{ti})\} \in J_1$；同时，敌手 A 也可以向标签–预言机问询关于某些数据块的标签，其组成的集合为 $\{(i,\ m_i,\ \sigma_i)\} \in J_2$，集合 J_1 和集合 J_2 中取与 i 相同记录的组合存储到集合 J_3，其中 $J_3 = \{i,\ v_{ti},\ m_i,\ \sigma_i\}$。

挑战：算法 B_A 生成挑战数据块集合 $chal$，$chal = \{(i, o_i)_{i \in I}, (k, o_k)_{k \in I}\}$，其中 $I = \{s_1, s_2, \cdots, s_k, \cdots, s_c\}$，$I \cdot i \subseteq J_3 \cdot i$。

输出：如果敌手 A 使用 J_3 集合中的第 j 个数据块替代第 k 个数据块，计算聚合证据 $P = \{\mu', \sigma', \xi', Rand\}$，并且 P 可以通过审计验证，则敌手 A 赢得该游戏。

（3）抗重放攻击 II。具体描述如 2.3.2 小节。

假设存在一个挑战者 C 和敌手 A，如果敌手 A 发起重放攻击 II，在攻击过程中，敌手不正确存储更新后的数据块将无法再次修改该数据块，那么该机制可以抵抗重放攻击 II。重放攻击 II 游戏如下。

存储：挑战者 C 把数据集 $M = \{m_i\}_{i \in [1, n]}$ 发送给敌手 A。

第一次修改：一段时间后，挑战者 C 想要把数据块 m_i 修改为 m_i^*，经过一番操作后，敌手 A 没有更新数据块仍存储 (m_i, σ_i)。

第二次修改：若干时间后，挑战者 C 发送修改请求 $O_M = \{name_{M'}, i\}$ 给 A，要求敌手 A 再次修改数据块 m_i^*，敌手 A 发送数据 (m_i, σ_i) 给挑战者 C，如果挑战者 C 接受 σ_i 并更新 DIT 后，把修改数据 (m_i^*, σ_i^*) 发送给敌手 A，那么敌手 A 赢得了这个游戏，反之游戏失败。

2.5.2 安全性分析

定理 2.1 在计算性 CDH 难题下，ANR-AM 可以抵抗伪造聚合证据攻击。

证明：对于某些外包数据块来说，如果敌手 A 能够以不可忽略的概率 ε_1 成功地伪造标签证据 σ'，且能够通过审计验证而赢得伪造聚合证据游戏，那么 B_A 就能够利用敌手 A 以不可忽略的概率解决 CDH 困难问题。

假设给定 $\alpha \in \mathbf{Z}_p$，$\beta \in \mathbf{Z}_p$，g 为群 G 的生成元，α 为 DO 的私钥，g^α 为 DO 的公钥，令 $u = g^\theta (\theta \in \mathbf{Z}_p)$ 为 B_A 选择的随机值，B_A 的输入值为 g^α 和 g^β，那么 B_A 能够以不可忽略的概率解决 CDH 难题，输出 $g^{\alpha\beta}$。

（1）H-预言机。敌手 A 向 B_A 询问关于版本号的哈希值 $H(v_{ti})$。

①如果 v_{ti} 在 H 列表 $\{v_i, H(v_{ti})\}$ 中，B_A 直接从列表中提取 $\{k_0, i, v_i, h_{tvi}\}$，并回复 $H(v_{ti}) = h_{tvi}$ 给敌手 A。

②如果 v_{ti} 不在 H 列表中，B_A 从 $k_0 = \{0, 1\}$ 中随机选择一个数，其中 $Pr(k_0 = 0) = \Theta$，随机值 $r_i \leftarrow \mathbf{Z}_p$。当 $k_0 = 0$ 时，$h_{tvi} = g^{r_i}$；当 $k_0 = 1$ 时，$h_{tvi} = (g^\beta)^{r_i}$。$B_A$ 将 $\{k_0, i, v_{ti}, h_{tvi}\}$ 存入 H 列表，并回复 $H(v_{ti}) = h_{tvi}$ 给敌手 A。

（2）标签–预言机。为了保证 B_A 与敌手 A 的交互与真实攻击实例一致，B_A 维护标签列表 $\mathrm{sig} = \{i, m_i, \sigma_i\}$，根据标签列表响应敌手 A 对数据块 m_i 标签的请求。

①若 m_i 的标签已经在列表中，则 B_A 提取列表中的 σ_i 发送给敌手 A。

②若 m_i 的标签不在列表中，则 B_A 查找 H 列表，对应 $H(v_{ti})$。若对应的记录不存在，则自行再次请求预言机。

若对应的记录在 H 列表中，其中 $k_0 = 0$，则 B_A 根据 H–预言机，选择 $H(v_{ti}) = g^{r_i}$，按照如下方式生成标签：

$$\sigma_i = \left(H(v_{ti}) \cdot u^{(m_i + i)}\right)^{\alpha} = (g^{\alpha})^{r_i} \cdot (g^{\alpha})^{\theta(m_i + i)} \tag{2-10}$$

并把形成的记录 $\{i, m_i, \sigma_i\}$ 加到标签列表中，把 σ_i 作为应答影响敌手 A。

当 $k_0 = 1$ 时，B_A 拒绝响应对应的标签。

假设 B_A 生成挑战值集合 $chal = \{i, o_i\}_{i \in I}$，其中 $I = \{s_1, s_2, \cdots, s_c\}$，在 $chal$ 中有一个挑战元组不在标签列表中。

伪造输出：敌手 A 根据挑战值 $chal$，生成一个合法的聚合证据 $\{\mu', \sigma', \xi', Rand'\}$ 以满足审计式（2-8），即

$$e(\sigma' \cdot Rand'^{h(Rand')}, g) = e\left(\xi' \cdot u^{\mu' + \sum\limits_{i \in chal} i \cdot o_i}, g^{\alpha}\right) \tag{2-11}$$

同时，在挑战值集合中，有一组值 (i^*, o_{i^*})，敌手 A 没有向标签–预言机请

求标签，这意味着 i^* 对应 h_{tvi} 的只存在于 H 列表中，标签列表中没有它对应的记录存在。对于其他的挑战值对应的标签，B_A 查找标签列表，获取对应的标签，如果不存在相应的记录，那么自行问询相应预言机。如果对于 (i^*, o_{i^*})，$k_0 = 0$，B_A 拒绝相应的 $H(v_{ti})$，否则，B_A 可以求解相应的 CDH 难题。

由式（2-11）可得

$$e(\sigma' \cdot Rand'^{h(Rand')}, \ g) = e\left(\xi' \cdot u^{\mu' + \sum\limits_{i \in chal} i \cdot o_i}, \ g^\alpha\right) = e\left(\prod\limits_{i \in chal} H(v_{ti})^{o_i} \cdot u^{\mu' + \sum\limits_{i \in chal} i \cdot o_i}, \ g^\alpha\right) \quad (2\text{-}12)$$

对于挑战值 (i^*, o_{i^*})，H 列表中 $k_0 = 1$，而对于其他的挑战值，H 列表中 $k_0 = 0$，所以式（2-12）右侧可列为

$$e\left(\left(\prod\limits_{i \in chal, \ i \neq i^*} (g^{ri})^{o_i} \cdot u^{\mu' + \sum\limits_{i \in chal} i \cdot o_i}\right) \cdot (g^{\beta ri^*})^{o_{i^*}}, \ g^\alpha\right) =$$

$$e\left(g^{\beta \alpha \cdot r\left(i^* \cdot o_{i^*}\right)}, \ g\right) \cdot e\left(g^{\alpha \sum\limits_{i \in chal, \ i \neq i^*} r_i \cdot o_i} \cdot g^{\alpha \theta \left(\mu' + \sum\limits_{i \in chal} i \cdot o_i\right)}, \ g\right) \quad (2\text{-}13)$$

因此计算性 CDH 困难问题的解为

$$g^{\alpha\beta} = \left((\sigma' \cdot Rand'^{h(Rand')}) \cdot \left(g^{\alpha \sum\limits_{i \in chal, \ i \neq i^*} r_i \cdot o_i} \cdot g^{\alpha\theta\left(\mu' + \sum\limits_{i \in chal} i \cdot o\right)}\right)^{-1}\right)^{\frac{1}{ri^* \cdot o_{i^*}}} \quad (2\text{-}14)$$

归约的概率分析：分析 B_A 使用敌手 A 伪造聚合证据求解计算性 CDH 问题，对于如下的三件事：

E_1：B_A 对于敌手 A 的所有向标签-预言机问询请求没有拒绝。

E_2：敌手 A 根据挑战值集合 $chal = \{i, \ o_i\}_{i \in I}$，生成一个合法的聚合证据 $\{\mu', \ \sigma', \ \xi', \ Rand'\}$，其中 $I = \{s_1, \ s_2, \ \cdots, \ s_c\}$，$(i^*, \ o_{i^*}) \in I$。

E_3：在 E_2 事件后，对于 i^*，在 H 列表中，$k_0 = 1$。

如果敌手 A 能够在以上的事件中都获得成功，那么 B_A 成功求解计算性 CDH 问题的概率为

$$Pr(E_1 \bigcap E_2 \bigcap E_3) = Pr(E_1)Pr(E_2|E_1)Pr(E_3|E_2 \bigcap E_1) = \Theta^{n_s}\varepsilon_1(1-\Theta) \quad (2\text{-}15)$$

这里 $\Theta = n_s/(n_s + 1)$，n_s 表示生成标签的次数，那么概率 $Pr(E_1 \bigcap E_2 \bigcap E_3)$ 至少为 $\varepsilon_1/(\hat{e}(n_s + 1))$，其中 $\hat{e}$ 是一个自然对数。由于 ε_1 是不可忽略的，所以 B_A 能够以不忽略的概率解决 CDH 难题，但这与 1.5.6 小节中关于 CDH 困难性问题相矛盾，所以 ANR-AM 可以抵抗敌手发起的伪造聚合证据攻击。

证明完毕。

定理 2.2　在计算性 CDH 难题下，ANR-AM 可以抵抗标签替代攻击。

证明：如果敌手 A 能够以不可忽略的概率 ε_2 赢得标签替代攻击游戏，那么 B_A 就能够利用敌手 A 以不可忽略的概率解决 CDH 困难问题。

假设给定 $\alpha \in Z_p$，$\beta \in Z_p$，$\theta \in Z_p$，g 为群 G 的生成元，α 为 DO 的私钥，g^α 为 DO 公钥。令 $u = g^{\beta\theta}(\theta \in Z_p)$ 为 B_A 选择的随机值，B_A 的输入值为 g^α 和 g^β，那么 B_A 能够以不可忽略的概率解决 CDH 难题，输出 $g^{\alpha\beta}$。

H-预言机和标签-预言机与定理 2.1 一致。

假设 B_A 生成挑战集合 $chal = \{(i, o_i)_{i \in I}, (k, o_k)_{k \in I}\}$，其中 $I = \{s_1, s_2, \cdots, s_k, \cdots, s_c\}$。对于 (k, o_k)，敌手 A 没有向标签-预言机请求标签，这意味着 k 对应 h_{twi} 只存在于 H 列表中，标签列表中没有它对应的记录存在。对于 $j \notin I$，敌手 A 根据挑战 $chal_j = \{(i, o_j)\}$，生成过合法的聚合证据。

伪造输出：对于 (k, o_k)，由于敌手 A 不能向标签-预言机请求标签，所以敌手 A 使用第 j 个数据块和其标签代替第 k 个数据块的相关数据，计算合法的聚合证据，满足审计等式 (2-8)，等式左侧为

$$e\left(\left(\prod_{i,\,k \in chal,\,i \neq j} \sigma_i^{o_i} \cdot Rand^{h(Rand)}\right) \cdot (\sigma_j^{o_k} \cdot Rand^{h(Rand)}),\ g\right) =$$

$$e\left(\prod_{i,\,k\,\in\,chal,\,i\,\neq\,j} H(v_{ti})^{o_i} \cdot u^{\sum\limits_{i\in I}(m_i\cdot o_i + l\cdot h(Rand) + i\cdot o_i)} \cdot H(v_{tj})^{o_k} \cdot u^{m_j\cdot o_k + l\cdot h(Rand) + k\cdot o_k},\ g^{\alpha}\right) \quad (2\text{-}16)$$

假设期望的合法聚合证据没有遭受上述所描述的替代攻击，那么该聚合证据也满足审计等式（2-8），即

$$e\left(\left(\prod_{i,\,k\,\in\,chal}\sigma_i^{o_i}\cdot Rand^{h(Rand)}\right)\cdot(\sigma_k^{o_k}\cdot Rand^{h(Rand)}),\ g\right) =$$

$$e\left(\prod_{i,\,k\,\in\,chal} H(v_{ti})^{o_i} \cdot u^{\sum\limits_{i\in I}(m_i\cdot o_i + l\cdot h(Rand) + i\cdot o_i)} \cdot H(v_{tk})^{o_k} \cdot u^{m_k\cdot o_k + l\cdot h(Rand) + k\cdot o_k},\ g^{\alpha}\right) \quad (2\text{-}17)$$

使用式（2-16）除以式（2-17）可以得到

$$e\left(\left(\frac{\sigma_j}{\sigma_k}\right)^{o_k},\ g\right) = e\left(\left(\frac{H(v_{tj})}{H(v_{tk})}\right)^{o_k}\cdot u^{(m_j\cdot o_k - m_k\cdot o_k)},\ g^{\alpha}\right) \quad (2\text{-}18)$$

在挑战值集合中，敌手 A 产生的聚合证据都能够向标签-预言机请求，如果记录不在标签列表中，可以自行问询相应的预言机。这说明在 H 列表中，挑战集合每个元组都对应 $k_0 = 0$ 的记录。如果 $k_0 = 1$，B_A 拒绝相应的 $H(v_i)$，否则 B_A 不能根据标签-预言机应答敌手 A 问询的关于挑战集合所涉及的标签，其中 $H(v_{tj}) = g^{rj}$，$H(v_{tk}) = g^{rk}$，那么有

$$e\left(\left(\frac{\sigma_j}{\sigma_k}\right)^{o_k},\ g\right) = e\left(g^{o_k(rj-rk)}\cdot g^{\beta\theta\left(m_j\cdot o_k - m_k\cdot o_k\right)},\ g^{\alpha}\right)$$

$$= e\left(g^{\alpha o_k(rj-rk)}\cdot g^{\alpha\beta\theta\left(m_j\cdot o_k - m_k\cdot o_k\right)},\ g\right)$$

$$= e\left(g^{\alpha o_k(rj-rk)},\ g\right)\cdot e\left(g^{\alpha\beta\theta\left(m_j\cdot o_k - m_k\cdot o_k\right)},\ g\right) \quad (2\text{-}19)$$

所以，计算性 CDH 困难问题 g^{α} 和 g^{β} 的解为

$$g^{\alpha\beta} = \left(\left(\frac{\sigma_j}{\sigma_k} \right)^{o_k} \cdot \left[(g)^{\alpha o_k (rj - rk)} \right] \right)^{-1 \frac{1}{\theta \left(m_j \cdot o_k - m_k \cdot o_k \right)}} \tag{2-20}$$

归约的概率分析：分析 B_A 使用敌手 A 发起替代攻击求解计算性 CDH 问题：

E_1：B_A 对于敌手 A 的所有向标签-预言机问询请求没有拒绝。

E_2：敌手 A 生成一个合法的聚合证据 $\{\mu', \sigma', \xi', Rand'\}$。

E_3：在 E_2 事件中，在 H 列表中，对于 $chal$ 中 $i = k$，有对应的 $k_0 = 1$ 记录，敌手使用记录代替。

如果敌手 A 能够在以上的事件中都获得成功，那么 B_A 成功求解计算性 CDH 问题的概率为

$$Pr(E_1 \bigcap E_2 \bigcap E_3) = Pr(E_1) Pr(E_2|E_1) Pr(E_3|E_2 \bigcap E_1) = \Theta^{n_s} \varepsilon_2 (1 - \Theta) \tag{2-21}$$

这里 $\Theta = n_s / (n_s + 1)$，n_s 表示生成标签的次数，那么概率 $Pr(E_1 \bigcap E_2 \bigcap E_3)$ 至少为 $\varepsilon_2 / (\hat{e}(n_s + 1))$，其中 $\hat{e}$ 是一个自然对数。由于 ε_2 是不可忽略的，所以 B_A 能够以不忽略的概率解决 CDH 难题，但是这与 1.5.6 小节中关于 CDH 困难性问题相矛盾，所以 ANR-AM 可以抵抗敌手 A 使用不属于挑战范围内的数据块代替挑战数据块生成聚合证据通过审计验证的攻击。

证明完毕。

定理 2.3　在审计过程中，ANR-AM 机制抵抗重放攻击 II。

证明：假设 CSP 赢得重放攻击 II 游戏。在第一修改操作时，敌手 A 存储 m_i 的标签 $\sigma_i = (H(v_{ti}) \cdot u^{(m_i + 1)})^\alpha$，在第二次修改操作时，挑战者 C 收到敌手 A 发送数据 (m_i, σ_i) 后，根据 m_i 和 $H(v_{ti_{new}})$ 计算修改数据块的标签 $\sigma_i^* = \left(H(v_{ti_{new}}) \cdot u^{(m_i + 1)} \right)^\alpha$，所以可以得出

$$(H(v_{ti_{new}}) \cdot u^{(m_i + 1)})^\alpha = (H(v_{ti}) \cdot u^{(m_i + 1)})^\alpha \tag{2-22}$$

式中，$v_{ti_{new}}$ 为新的版本号，v_{ti} 为老的版本号。

如果 $v_{ti_{new}} \neq v_{ti}$，那么 $H(v_{ti_{new}}) \neq H(v_{ti})$，即 $\left(H(v_{ti_{new}}) \cdot u^{(m_i+1)} \right)^{\alpha} = \left(H(v_{ti}) \cdot u^{(m_i+1)} \right)^{\alpha}$ 不成立。因此敌手 A 不能赢得游戏，挑战者 C 可以发现敌手 A 没有存储最新的数据块和其标签 (m_i^*, σ_i^*)。ANR-AM 不会遭受重放攻击 Ⅱ 的攻击。

证明完毕。

2.5.3　正确性分析

ANR-AM 的正确性可以通过最后的审计等式证明。式（2-8）和式（2-9）的正确性分析如下。

TPA 使用式（2-8）处理单 DO 的审计请求，正确性分析如下：

$$e\left(\xi \cdot u^{\mu + \sum_{i \in chal} i \cdot o_i}, \ v \right) = e\left(\prod_{i \in chal} H(v_{ti})^{o_i} \cdot u^{\sum_{i \in chal} (m_i \cdot o_i + l \cdot h(Rand) + i \cdot o_i)}, \ g^{\alpha} \right)$$

$$= e\left(\prod_{i \in chal} \left(H(v_{ti})^{o_i} \cdot u^{(m_i \cdot o_i + l \cdot h(Rand) + i \cdot o_i)} \right)^{\alpha}, \ g \right)$$

$$= e\left(\prod_{i \in chal} \left(\left(H(v_{ti})^{o_i} \cdot u^{m_i \cdot o_i} \cdot u^{i \cdot o_i} \cdot u^{l \cdot h(Rand)} \right) \right)^{\alpha}, \ g \right)$$

$$= e\left(\prod_{i \in chal} \left(\left(H(v_{ti}) \cdot u^{m_i+i} \right)^{\alpha} \right)^{o_i} \cdot \left((u^{\alpha})^{l} \right)^{h(Rand)}, \ g \right)$$

$$= e\left(\prod_{i \in chal} \sigma_i^{o_i} \cdot \left((u^{\alpha})^{l} \right)^{h(Rand)}, \ g \right)$$

$$= e\left(\sigma \cdot Rand^{h(Rand)}, \ g \right) \tag{2-23}$$

TPA 使用式（2-9）批量处理 DO 的审计请求，正确性分析如下：

$$e\left(\xi \cdot u^{\mu + \sum_{i \in chal} i \cdot o_i}, \ v_k \right) = \prod_{k=1}^{K} e\left(\prod_{i \in chal} \left(H(v_{k,ti})^{o_i} \cdot u_k^{\sum_{i \in chal} (m_{k,i} \cdot o_{k,i} + l_k \cdot h(Rand_k) + i \cdot o_i)} \right), \ g^{\alpha_k} \right)$$

$$= \prod_{k=1}^{K} e\left(\prod_{i \in chal} \left(H(v_{k,\,ti})^{o_i} \cdot u_k^{(m_{k,\,i} \cdot o_i + l_k \cdot h(Rand_k) + i \cdot o_i)} \right)^{\alpha_k}, \; g \right)$$

$$= \prod_{k=1}^{K} e\left(\prod_{i \in chal} \left(H(v_{k,\,ti})^{o_i} \cdot u_k^{(m_{k,\,i} \cdot o_i)} \cdot u_k^{i \cdot o_i} \cdot u_k^{l_k \cdot h(Rand_k)} \right)^{\alpha_k}, \; g \right)$$

$$= \prod_{k=1}^{K} e\left(\prod_{i \in chal} \left(\left(H(v_{k,\,ti}) \cdot u_k^{(m_{k,\,i} + i)} \right)^{\alpha_k} \right)^{o_i} \cdot \left((u_k^{\alpha_k})^{l_k} \right)^{h(Rand_k)}, \; g \right)$$

$$= e\left(\sigma \cdot Rand_k^{h(Rand_k)}, \; g \right) \tag{2-24}$$

2.6　性能评估

本节从理论分析和实验验证两个方面评估 ANR-AM 的性能。

2.6.1　理论分析

2.6.1.1　方案对比

对于 ANR-AM 与其他审计协议[72, 75, 86, 95, 98]，分别从数据结构、数据结构存储位置、存储开销、抗攻击型和数据隐私性这几个方面进行对比。假设数据集 M 被划分为 n 个数据块，方案对比分析如下：协议[72]（3P-PDP）和协议[75]（IO-PVA）的动态数据结构是 MHT，协议[86]（DHT-PA）的动态数据结构是 DHT，协议[102]（DCT-PA）的数据结构为 DCT，ANR-AM 基于 DIT 实现动态操作，协议[96]（FHE-PDP）可以实现多副本远程外包数据审计。这些协议的数据结构存储在不同的实体中，由于它们的数据结构不同，存储开销也不相同。让 δ 表示属于 $\mathbf{Z}_p$ 元素的存储开销，co 表示数据集 M 的副本个数，i 表示 DCT 表的条数，b_1、b_2 和 b_3 分别表示 DCT、DHT 和 DIT 中每条数据的存储大小。由于 HMT 中有 $2^{\lg(n+1)} - 1$ 个结点，那么 3P-PDP 和 IO-PVA 的动态数据结构存储开销为 $\delta \cdot (2^{\lg(n+1)} - 1)$。DCT-PA 有 $(n+i)$ 条数据存储在 DCT 中，其中 i 表示数据范围的条目数量，消耗的存储空间为 $b_1 \cdot (n+i)$。DHT-PA 有 $(n+1)$ 条数据存储在

DHT中，其中1表示DHT中还存储了文件的一个记录，所以数据结构消耗的存储空间为$b_2 \cdot (n + 1)$。ANR-AM的DIT存储n条数据，消耗的存储空间为$b_3 \cdot n$。FHE-PDP有$co - 1$个副本存储在服务器上，需要$co \cdot n \cdot \delta$的存储空间，其他协议不支持副本审计，所以在CSP上的存储消耗均为$n \cdot \delta$。DCT-PA、IO-PVA和FHE-PDP不能抵抗重放攻击Ⅱ，安全性稍差一些，而3P-PDP和DHT-PA则可以抗重放攻击Ⅱ。由于DHT-PA的动态数据结构存放在TPA中，TPA可以获得数据块的时间戳、版本号、动态操作频率和数据的使用周期等信息，容易造成用户外包数据隐私泄露，3P-PDP和IO-PVA由CSP保存动态数据结构，但由数据结构存储的是数据哈希值，所以能确保数据的隐私性，而ANR-AM的数据结构由DO保存，则不会出现数据隐私问题，具体对比数据见表2.2。

表2.2　审计协议对比

方案	DS	DS存储位置	存储开销（DS）	存储开销（CSP）	抗重放攻击Ⅱ	TPA存储外包数据信息
DCT-PA	DCT	TPA或DO	$b_1 \cdot (n + i)$	$n \cdot \delta$	N	Y
IO-PVA	MHT	CSP	$\delta \cdot (2^{\lg(n+1)} - 1)$	$n \cdot \delta$	N	N
FHE-PDP	—	—		$co \cdot n \cdot \delta$	N	N
3P-PDP	MHT	CSP	$\delta \cdot (2^{\lg(n+1)} - 1)$	$n \cdot \delta$	Y	N
DHT-PA	DHT	TPA	$b_2 \cdot (n + 1)$	$n \cdot \delta$	Y	Y
ANR-AM	DIT	DO	$b_3 \cdot n$	$n \cdot \delta$	Y	N

2.6.1.2　计算复杂度对比

由于3P-PDP和DHT-PA都可以抵抗重放攻击Ⅱ，并且它们的动态数据结构不相同（3P-PDP为树形结构，DHT-PA为表形结构），审计效率也不同，所以选择这两个协议与ANR-AM进行计算复杂度对比。

表2.3展示了3P-PDP、DHT-PA和ANR-AM的计算复杂度。假设数据集M被划分为n个数据块，选择c个数据块参与挑战。从表中可以看出，在初始化

阶段，ANR-AM 比 3P-PDP 多计算了 $2\mathrm{Exp}_G$，比 DHT-PA 减少了 $n\mathrm{Pair}_G$ 计算，但增加了 $n\mathrm{Exp}_G$ 计算。在生成聚合证据阶段，与 3P-PDP 和 DHT-PA 相比，ANR-AM 计算量较大，增加了 $c\mathrm{Exp}_G$ 和 $c\mathrm{Hash}_{z_p}$ 计算量。但是在审计阶段，ANR-AM 的主要计算为 $c\mathrm{Mul}_G$ 和 $c\mathrm{Add}_{z_p}$，3P-PDP 比 ANR-AM 增加了 $(c+1)\mathrm{Exp}_G$ 和 $(c-1)\mathrm{Hash}$ 计算量，DHT-PA 比 ANR-AM 增加了 $c\mathrm{Exp}_G$、$c\mathrm{Mul}_G$ 和 $(c-1)\mathrm{Hash}$ 计算量。在最后的审计过程中，ANR-AM 的计算复杂度明显高于 3P-PDP 和 DHT-PA，由于 CSP 的计算能力优于 TPA，与 3P-PDP 和 DHT-PA 相比，ANR-AM 能减轻 TPA 的计算压力，计算量分配更合理。

表 2.3　计算复杂度对比

方案	初始化	聚合证据	审计
3P-PDP	$n\mathrm{Mul}_G + n\mathrm{Hash}_{z_p} +$ $2n\mathrm{Exp}_G$	$(c+2)\mathrm{Exp}_G + \mathrm{Hash}_G +$ $(c+1)(\mathrm{Mul}_{z_p} + \mathrm{Add}_{z_p}) +$ $c\mathrm{Mul}_G$	$(c+3)\mathrm{Exp}_G + (c+2)\mathrm{Mul}_G +$ $c\mathrm{Hash}_{z_p} + 2\mathrm{Pair}_G$
DHT-PA	$(n+1)\mathrm{Exp}_G +$ $n(\mathrm{Mul}_G + \mathrm{Add}_{z_p} +$ $\mathrm{Pair}_G + \mathrm{Hash}_{z_p})$	$(c+1)\mathrm{Exp}_G + 2c\mathrm{Mul}_G +$ $c\mathrm{Add}_{z_p} + \mathrm{Pair}_G$	$(c+2)\mathrm{Exp}_G + (2c+2)\mathrm{Mul}_G +$ $c\mathrm{Add}_{z_p} + \mathrm{Hash}_{z_p} + \mathrm{Pair}_G$
ANR-AM	$(2n+2)\mathrm{Exp}_G +$ $n\mathrm{Hash}_{z_p} + n\mathrm{Mul}_G$	$(2c+1)\mathrm{Exp}_G + \mathrm{Hash}_G +$ $2c\mathrm{Mul}_G + (c+1)(\mathrm{Mul}_{z_p} +$ $\mathrm{Add}_{z_p}) + c\mathrm{Hash}_{z_p}$	$2\mathrm{Exp}_G + (c+2)\mathrm{Mul}_G +$ $(c+1)\mathrm{Add}_{z_p} + \mathrm{Hash}_G + 2\mathrm{Pair}_G$

2.6.1.3　通信复杂度对比

ANR-AM 中有四个过程需要通信，分别为发送聚合证据、修改操作、插入操作和删除操作。通信复杂度对比见表 2.4，其中 $|n|$ 表示数据块长度，$|p|$ 表示 $\mathbf{Z}_p$ 中元素的长度，$|G|$ 表示群 G 中元素的长度，$|m|$ 表示数据块大小。从表中可以看出，在 CSP 向 TPA 发送聚合证据的交互过程中，ANR-AM 的通信开销比 3P-PDP 和 DHT-PA 分别增加 $|G|$ 和 $(|G|+|p|)$，但是在动态操作过程中，ANR-AM 的通信开销有明显优势，尤其在删除过程中，ANR-AM 的通信量甚至可以忽略不计。主要有两点因素导致上述的结果：第一，在聚合证据交互过程中，ANR-AM 比 3P-PDP 和 DHT-PA 多生成了一个版本号证据 ξ，这导致聚合证据交

互过程中通信开销较大。第二，在动态操作过程中，DHT-PA 中的 TPA 需要与 DO 交互更新 DHT，3P-PDP 在插入和删除操作过程中需要与 CSP 交互才能审计动态数据块，而 ANR-AM 的动态数据结构存储在 DO 本地，无须以上两种操作，所以它的通信复杂度比 3P-PDP 和 DHT-PA 低。

表 2.4　通信复杂度对比

方案	聚合证据	修改	插入	删除
3P-PDP	$2|G| + |p|$	$4|G| + |p| + \Omega$	$2|G| + |p| + \Omega$	$2|G| + |p| + \Omega$
DHT-PA	$2|G|$	$|n| + |m| + |G| + |p|$	$|n| + |G| + |p|$	$|n|$
ANR-AM	$3|G| + |p|$	$2|G| + |m|$	$|G|$	——

2.6.2　实验验证与分析

本节通过实验验证 ANR-AM 的有效性。实验选择三台计算机搭建系统原型，分别模拟 DO、云存储服务和审计服务。计算机的配置是 Intel(R) Core (TM)i7-4710HQ CPU @ 2.50 GHz 处理器和 8 GB RAM，操作系统是 Ubuntu。实验使用 C 语言并引入 Pairing-Based Cryptography(PBC)库编写 ANR-AM 代码[103]。实验选择 MNT d59 椭圆曲线构造双线性对，循环群 G_1 和 G_2 的阶均为 160 bit，每个数据块大小为 20 kB。由于 3P-PDP 和 DHT-PA 具有不同的代表性动态数据结构，它们的审计效率并不相同，所以实验选择这两个协议与 ANR-AM 对比。

2.6.2.1　数据块同态可验证标签计算成本

图 2.6 是 DO 根据不同数量数据块生成同态可验证标签的时间对比。可以看出，随着外包数据块数量的逐步增加，三种审计机制计算数据块同态可验证标签的时间线性增长。DHT-PA 的增长速度最快，处理时间最长，ANR-AM 效率略大于 3P-PDP，3P-PDP 效率最优。这是由于 DHT-PA 比 3P-PDP 和 ANR-AM 多了计算 $nPair_c$ 的过程，它处理时间最长。ANR-AM 处理时间与 3P-PDP 类似，但是由于它比 3P-PDP 多计算 $2Exp_c$，所以它计算时间略长。

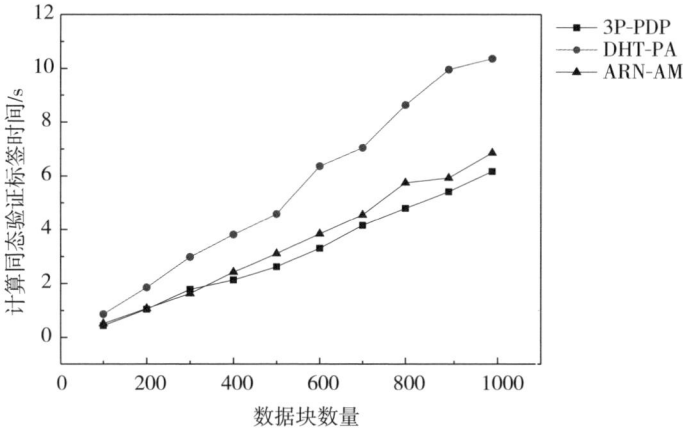

图 2.6　同态验证标签时间对比

2.6.2.2　聚合证据计算成本

图 2.7 是 CSP 为不同数量数据块生成聚合证据的时间对比。从图中可以看出，随着数据块的增加计算时间线性递增。与 DHT-PA 和 3P-PDP 协议相比，ANR-AM 需要花费更多的时间生成聚合证据。这是因为 ANR-AM 的计算量比 3P-PDP 和 DHT-PA 多计算 $c\mathrm{Exp}_G$。而 3P-PDP 和 DHT-PA 在此阶段计算量仅相差 Hash 运算，所以两者效率曲线基本上重合。

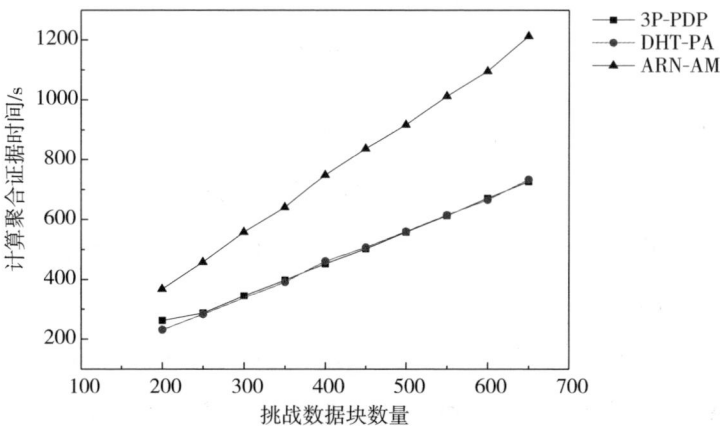

图 2.7　聚合证据时间对比

2.6.2.3 审计聚合证据计算成本

图2.8是TPA审计不同数量挑战数据块的计算时间对比。随着挑战数据块数量的逐渐增加，ANR-AM的审计时间没有发生很大变化，而3P-PDP和DHT-PA的计算时间呈线性递增。总体而言，3P-PDP和DHT-PA的时间基本相同，而ANR-AM的时间要远远短于这两个协议。主要原因是ANR-AM审计聚合证据的计算复杂度为$2\mathrm{Exp}_G$，而3P-PDP和DHT-PA则分别需要$(c+3)\mathrm{Exp}_G$和$(c+2)\mathrm{Exp}_G$。

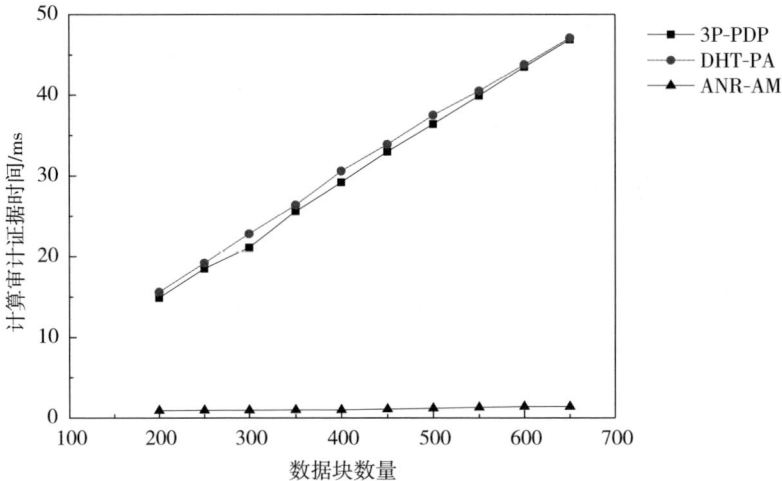

图 2.8　审计时间对比

从图2.7和图2.8中可以看出，ANR-AM在生成聚合证据阶段的时间比3P-PDP和DHT-PA多，但是在审计聚合证据阶段的时间要远少于3P-PDP和DHT-PA，这是因为ANR-AM机制在该阶段需要CSP计算版本号证据，而DHT-PA和3P-PDP协议则由TPA计算聚合挑战数据块的版本号。CSP的计算能力比TPA强，由TPA承担较少计算量的任务更有助于提高审计机制效率，所以审计阶段ANR-AM计算量的分配比3P-PDP和DHT-PA更加符合实际情况。

图2.9是总的计算成本。从图中可以看出，ANR-AM的计算时间短于3P-PDP，但是比DHT-PA稍长一点，性能居中。

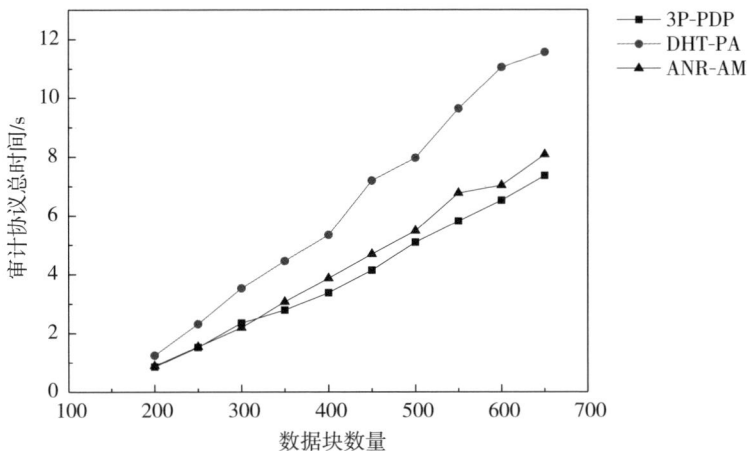

图 2.9　审计总时间对比

2.6.2.4　动态操作计算成本

图 2.10 是修改操作的计算时间对比。从图中可以看出，ANR-AM 的效率比 3P-PDP 高，但是要比 DHT-PA 稍低一些。这是因为 3P-PDP 使用的动态数据结构为 MHT，每次需要验证两次 MHT 根结点的正确性，才能确保修改后的数据被正确地存放到云存储服务器中，所以它操作时间较长；而与 DHT-PA 相比，ANR-AM 计算同态可验证标签次数比 DHT-PA 多一次，所以效率略差；而 DHT-PA 只需要一次验证，所以它的效率最高。图 2.11 是删除操作的计算时间对比。从图中可以看出，ANR-AM 的效率要远高于 3P-PDP 和 DHT-PA，这是因为 ANR-AM 可以直接删除数据，不需要再次计算和审计所删除数据块的同态可验证标签，而其他两个协议则需要再次计算并审计标签。3P-PDP 与 DHT-PA 相比，其删除时间更加平稳一些，而 DHT-PA 的删除时间线性增长，这是由两者数据结构不同所造成的。图 2.12 是插入操作的计算时间对比。从图中可以看出，ANR-AM 的效率始终优于 3P-PDP，其原因与修改操作的相同；当文件大小从 1 GB 增加到 8 GB 时，DHT-PA 的效率比 ANR-AM 高一些，当文件大小从 8 GB 增加到 10 GB 时，ANR-AM 的效率要比 DHT-PA 高一些，DHT-PA 和 ANR-AM 的数据结构都是表，那么造成这种现象的主要原因是，当插入时，表中条

目会向下移动或向上移动，而DHT-PA的动态数据结构要比ANR-AM更复杂一些，所以当插入的数据块不断增加时，它需要更长的时间。

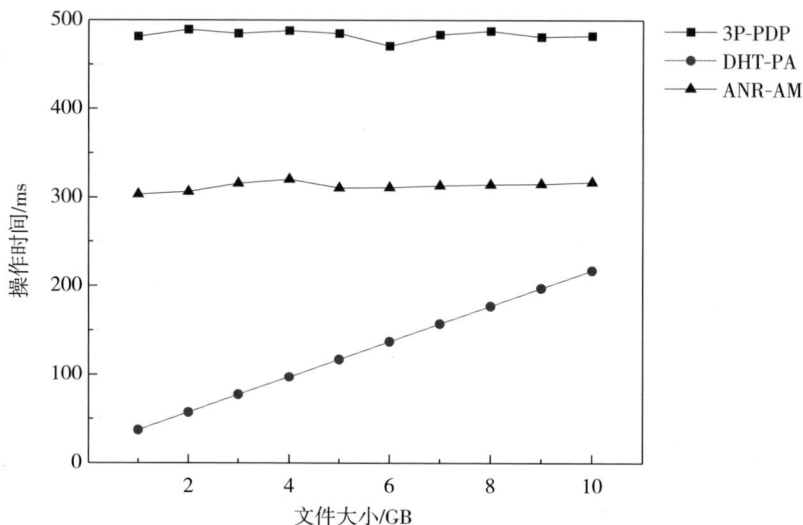

图 2.10 修改时间对比

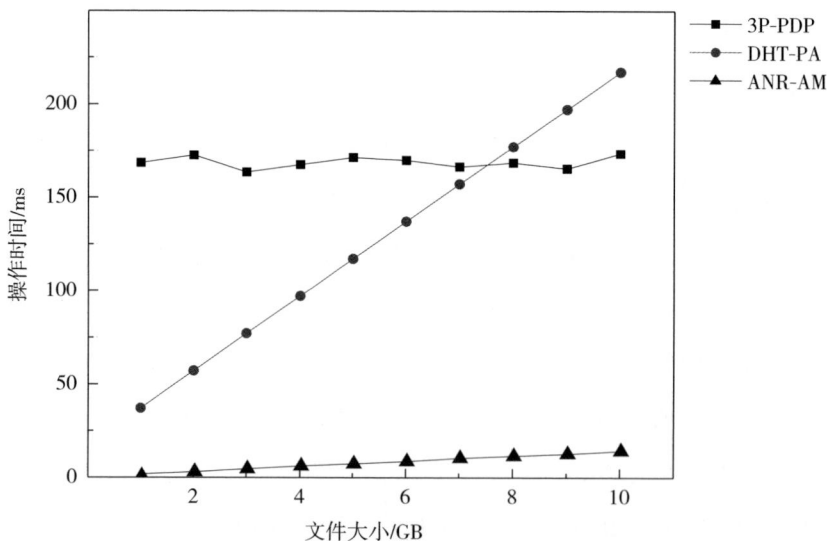

图 2.11 删除时间对比

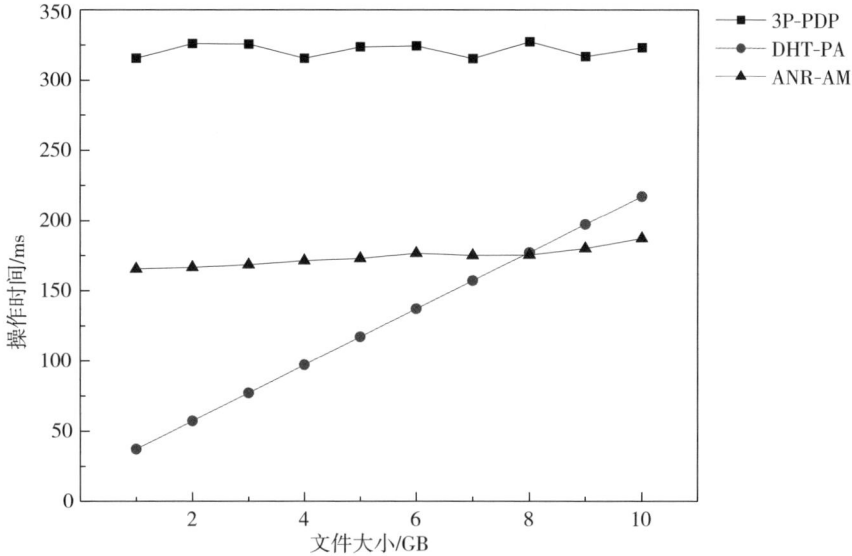

图 2.12　插入时间对比

综合对比图 2.10、图 2.11 和图 2.12 可以看出，ANR-AM 与 3P-PDP 和 DHT-PA 对比，删除效率最高，插入、修改效率次之，这与计算复杂度分析的结果相吻合。

2.6.2.5　批处理计算成本

图 2.13 是多个任务批量审计与单个审计任务的计算时间对比。实验选择 10 个 DO 模拟批量审计。假设 10 个 DO 拥有不同的数据集，它们同时向 TPA 发送远程外包数据审计挑战请求，并且这些挑战的外包数据块标号是一样的。TPA 在收到 CSP 发送的聚合证据后，分别进行批量审计和单个审计，对比这两种审计方式的效率。图 2.13 展示了对比结果，随着审计任务数量的增加，批量审计和单独审计所用时间都没有发生很大变化，但是批量审计所用时间远少于 10 次单独审计所用时间，这说明批量审计可以极大地减轻 TPA 的计算负担，提高审计效率。

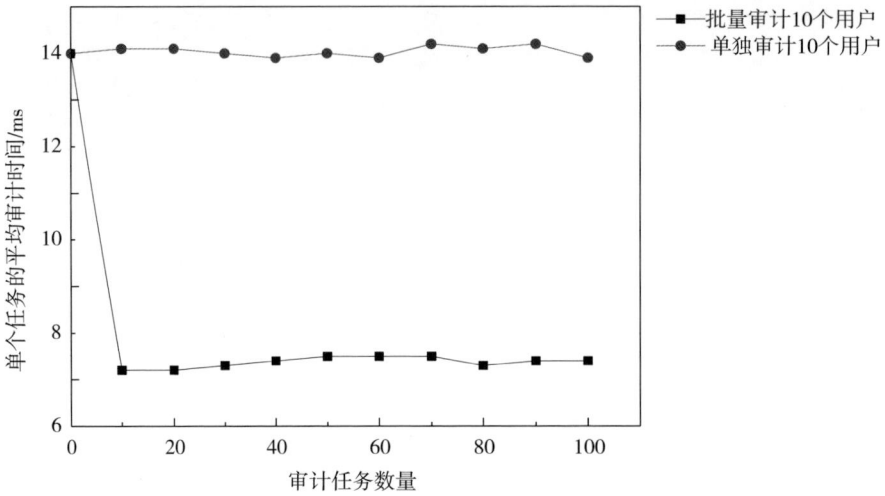

图 2.13　批量审计和单任务审计的计算时间对比

2.7　用例分析

本章用示例说明 ANR-AM 如何抵抗新型重放攻击。示例中角色与系统模型相同，Alice 表示 DO，AWS 表示 CSP，Charlie 表示 TPA。发起抵抗新型重放攻击的整个流程如图 2.14 所示。

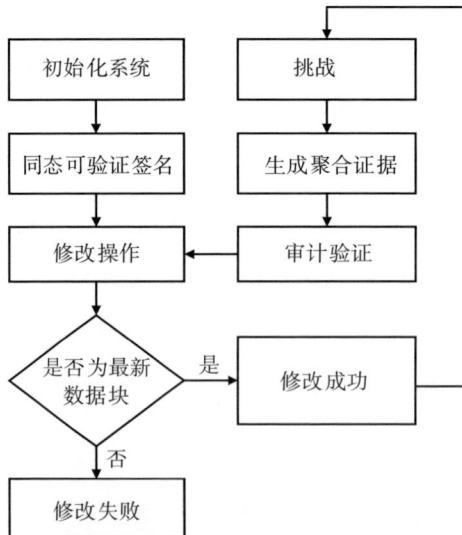

图 2.14　ANR-AM 流程示例图

（1）Alice 将外包数据 M_{Alice} 划分为 1000 个数据块，$M_{Alice} = \{m_1, m_2, \cdots, m_{1000}\}$。令 $m'_i = m_i \| v_{ti}$，其中 v_{ti} 为每个数据块的版本号信息，初始化设置时为空，即 $v_{0i} = null$，那么 $M'_{Alice} = \{m'_i\}_{i \in [1, 1000]}$，所以在最初阶段 $m_i = m'_i$，$M_{Alice} = M'_{Alice}$。Alice 为每个数据块生成同态可验证标签，$\sigma_i = [H(v_{0i}) \cdot u^{(m_i + 1)}]^{\alpha}$，组成同态可验证标签集合 Φ_{Alice}，生成 M'_{Alice} 的标签 tag，然后发送 $\{M'_{Alice}, \Phi_{Alice}, tag\}$ 给 AWS，随后删除本地存储的 $\{M_{Alice}, \Phi_{Alice}\}$。

（2）Alice 将外包数据集中第二个数据块 m_2 修改为 m'_2，它发起动态修改请求 $O_M = \{M'_{Alice}, 2\}$。AWS 收到 O_M 后，寻找相应的数据块和其对应的同态可验证标签，然后向 Alice 发送 $R_M = \{m'_2, \sigma_2\}$，Alice 收到后在 DIT 表中寻找数据块 m_2 的版本号哈希值 $H(v_{02})$，计算 m_2 的可验证标签，$\sigma'_2 = [H(v_{02}) \cdot u^{(m'_2 + 1)}]^{\alpha}$，检查 σ'_2 是否等于 σ_2。如果两者相等，说明 AWS 保存了最新版本的数据块，随后 Alice 向 AWS 发送 $\{m'_2, \sigma'_2\}$，并且修改 DIT 表；AWS 收到后更新数据块信息 $\{m'_2, \sigma'_2\}$，如果更新失败，AWS 返回失败消息给 Alice，Alice 回滚 DIT 表。

（3）到达审计周期，Charlie 使用 Alice 公钥 spk 验证 AWS 发送的外包数据集合标签 tag。如果验证失败，Charlie 通知 Alice 外包数据 M'_{Alice} 没有正确地存储在云中；反之，它恢复随机值 u，随机选择 460 个元素组成集合 $I = \{s_1, s_2, \cdots, s_{460}\}$，为集合 I 中每个元素选择一个随机值 r_i 生成挑战数据集合 $chal = \{i, r_i\}_{i \in I}$，并发送给 AWS。

（4）AWS 收到挑战数据 $chal$ 后，计算聚合证据，并将其返回给 Charlie，其中包括随机数证据 $R = (u^{\alpha})^l$，标签证据 $\sigma = \prod_{i \in [s_1, s_{460}]} \sigma_i^{r_i}$，数据证据 $\mu = \sum_{i \in [s_1, s_{460}]} o_i \cdot m_i + l \cdot h(R)$ 和版本号证据 $\xi = \prod_{i \in [s_1, s_{460}]} H(v_{ti})^{r_i}$。

（5）Charlie 通过审计验证等式 $e(\sigma \cdot R^{h(R)}, g) \overset{?}{=} e\left(\xi \cdot u^{\mu + \sum_{i \in [s_1, s_{460}]} i \cdot r_i}, v\right)$ 是否相等判断 Alice 的外包数据存储情况。

（6）Ailce 可以再次提出修改操作，重复步骤（2），通过验证数据块版本号的新鲜程度，判断外包数据是否遭受新型重放攻击。

2.8　本章小结

本章针对重放攻击 II 设计一种新数据结构 DIT，并基于该数据结构提出抵抗新型重放攻击的远程外包数据审计机制 ANR-AM。首先，描述重放攻击 II，根据一些不能抵抗重放攻击 II 的协议抽象出审计协议模型，通过该模型详细描述重放攻击 II 的攻击过程，并找到引发该重放攻击的主要原因。其次，针对引发重放攻击 II 的原因，设计新型数据结构 DIT 记录数据块版本号最新信息，抵抗重放攻击 II。再次，详细描述 ANR-AM 机制，该机制支持公共审计、动态审计和批量审计。最后，选择可以抵抗重放攻击 II 的协议与 ANR-AM 对比，通过计算复杂度、通信复杂度和实验验证三方面的对比，说明 ANR-AM 在审计验证阶段、删除、插入操作中的效率高于对比协议。

第 3 章 基于区块链的分布式远程外包数据审计机制

针对集中式审计中的安全问题，本章提出基于区块链的分布式远程外包数据审计机制。该机制利用以太坊智能合约代替 TPA 审计外包数据；使用 BLS 标签和双线性对技术，设计审计核心算法；选择区块链中 Nonce 利用延迟函数计算挑战数据块随机数种子；利用区块链加密货币机制设计奖惩算法，实现有偿分期审计。本章通过安全性分析和性能评估证明了该机制的安全性和高效性。

3.1 引 言

目前，很多审计机制都默认 DO 委托信任的 TPA 审计它们存储在云服务器中的外包数据，属于集中式审计。但实际上很难找到一个完全"诚实"且可信的第三方机构执行审计操作。在集中式审计机制中，"不诚实" TPA 容易与 DO 勾结，诬陷 CSP 没有正确地存储外包数据，也容易与 CSP 勾结发起共谋攻击，向 DO 提供错误的审计结果，隐瞒 CSP 破坏外包数据的行为，而分布式审计机制可以解决这个问题。为了让云环境下的远程外包数据审计机制实现分布式审计，本章提出基于区块链智能合约的分布式远程外包数据审计机制（decentralized remote outsourced data auditing scheme with blockchain smart contract, BSC-DAM）。以太坊是开源的、有智能合约功能的公共区块链平台，通过其专用加密货币提供去中心化以太虚拟机处理点对点合约[60]。具有图灵完备性的以太坊智能合约可以在不需要中间人的情况下交互[104-105]，所以把核心审计算法写入智能合约并部署到以太坊中，可以达到分布式审计的目的。以太坊中出现的 51% 算力攻击[106]等以及它本身的安全威胁不在本章考虑范围之内。

为了让智能合约代替TPA审计外包数据，实现分布式审计，还需做出以下调整。第一，DO被定义为"半诚实"实体，它们可以否认审计结果，为了防止它们做出这样的恶意行为，BSC-DAM利用区块链透明性特点把审计结果公开到区块链中。第二，CSP需要获取区块链中的最新Nonce生成随机挑战的种子，但为了抵抗Nonce被矿工所控制而做出破坏随机数的随机性恶意行为，CSP使用延迟函数计算随机种子[52]，并触发指定的交易，交易收到随机种子后进行校验，生成挑战。第三，BSC-DAM引入保证金模式，如果CSP正确地存储DO的外包数据，一次审计结束后，合约会把DO账户一定数额保证金作为服务费用支付给它；但若CSP没有"诚实"地存储数据，作为惩罚，合约会从CSP账户中扣除一定数额的保证金给其他无辜实体。第四，BSC-DAM需要安全的时间戳来执行定期审计[107]。BSC-DAM设计使用区块链中区块的数量作为审计时间间隔，在经济利益的刺激，CSP会主动监控区块的生成数量获得审计时间，当到达审计周期时，它便会主动地触发合约得到审计任务。第五，与集中式审计协议相同，BSC-DAM也支持动态审计和批量审计。本章的具体贡献如下：

（1）构建BSC-DAM。BSC-DAM将核心的审计算法写入智能合约审计DO的外包数据，同时它使用区块链中最新区块的Nonce、延时函数、BLS标签和双线性对技术确保外包数据的完整性和隐私性。

（2）BSC-DAM支持批量审计和动态审计。批量审计能够同时处理由500个DO发起460个挑战数据块的审计任务。动态审计支持100个数据块同时审计更新，并可以发起多次交易处理更多的动态数据块。

（3）智能合约保存DO、用户和CSP的保证金，针对DO外包数据审计结果，合约按照审计周期动态分期地将DO账户中的保证金作为服务费用支付给CSP；针对用户所读取外包数据的审计结果，合约按照访问次数将用户账户中的保证金作为服务费用支付给CSP和DO；针对发起恶意行为的实体，将该实体账户中的保证金作为惩罚费用支付给无辜实体。

（4）安全性分析证明BSC-DAM可以防御常见的审计攻击。性能评估证明BSC-DAM的效率在合理范围之内。

3.2　问题阐述

本节介绍 BSC-DAM 的系统模型、威胁模型和设计目标。

3.2.1　系统模型

图 3.1 展示了 BSC-DAM 的系统模型，它包括四个不同的角色，分别为 CSP、DO、审计合约和用户，其中 CSP 和 DO 实体的具体定义如第 1 章所述。审计合约是一个可自动执行的存储在区块链上的计算机程序，部署在以太坊智能合约中，审计 CSP 中的外包数据。用户是被 DO 授予访问权限的实体，允许付费访问 DO 的外包数据。

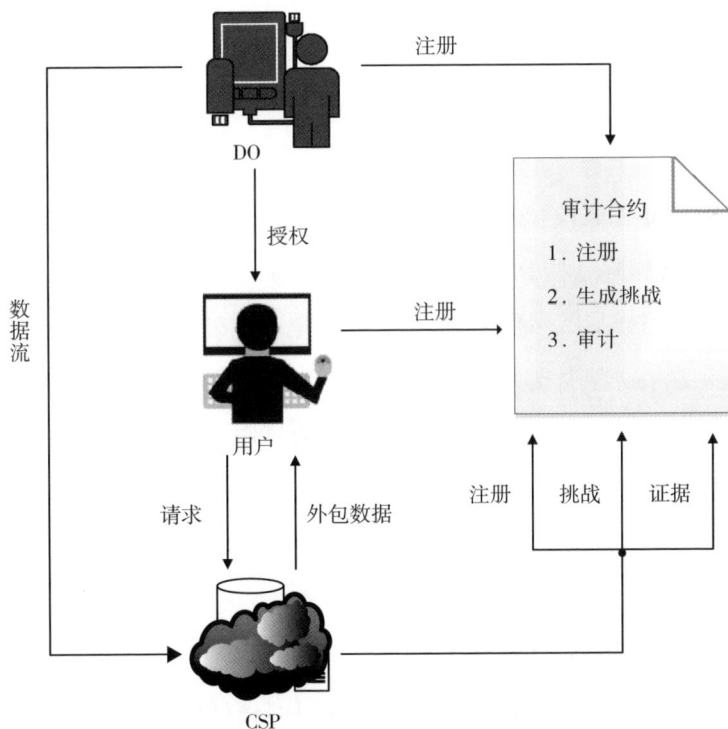

图 3.1　BSC-DAM 系统模型

从图 3.1 中可以看出，当 DO 准备把外包数据通过互联网传给 CSP 时，首先，要对外包数据进行分块处理，得到数据块集合，并计算每个数据块的同态可验证标签，计算完成后将数据块集合和同态可验证标签集合发送给 CSP。其次，DO 会发起一个交易，使用审计周期、挑战数据块数量、CSP 地址和 DO 的公钥等作为参数初始化审计合约。CSP 存储 DO 发送的数据集合，按照约定的审计周期定期扫描审计合约，如果发现有新的审计任务，CSP 便获取区块链中最新区块的 Nonce 计算挑战所需的种子，并将种子推送给审计合约。审计合约拿到种子后，生成挑战数据并发送给 CSP。CSP 根据挑战数据计算聚合证据，并调用合约中的审计算法验证聚合证据。最后，审计结果被写入区块链中供人们查阅。当用户想要读取 DO 的外包数据时，必须先获得 DO 授予的访问权限，再与 CSP 交互获取目标数据。为保证审计的实用性和公平性，DO、CSP 和用户都要在审计合约中放置一定数额的保证金，该保证金既可以支付服务费用，又可作为一种手段惩罚机制中有恶意行为的实体。

3.2.2 威胁模型

在 BSC-DAM 中假设 CSP、DO 和用户都是"半诚实"实体。受到某些利益的驱动，CSP 会删除一些 DO 外包数据并发起前文所提到的审计常见攻击；DO 和用户会否认审计结果，诬陷 CSP 没有合法地存储外包数据或没有提供正确数据，试图不支付或者少支付给 CSP 服务费用。假设审计交易的执行者矿工是"半诚实"实体，当它们打包审计交易时，会试图通过 CSP 发送的聚合证据计算外包数据块内容，泄露 DO 数据信息。

3.2.3 设计目标

根据上述威胁模型，BSC-DAM 的设计目标如下：

（1）公共审计。任何有计算能力的且被 DO 信任的实体，在没有数据副本的情况下，都可以审计 DO 的外包数据。

（2）定期自动审计。当到达审计周期时，CSP 会主动触发合约进行审计。

（3）分布式审计。智能合约审计外包数据，实现分布式审计。

（4）批量审计。当多个 DO 发起审计请求时，审计合约能够同时处理这些审计请求并且不增加计算负担。

（5）动态审计。支持外包数据块的插入、删除、修改操作，并保证 CSP 正确地存储动态操作后的数据块。

（6）存储安全。CSP 恶意破坏外包数据块后，不能根据这些被破坏的数据块伪造合法的聚合证据。

（7）隐私保护。矿工不能通过计算相同数据块的多个聚合证据得到数据块内容，泄露 DO 的外包数据信息。

（8）公平透明。审计过程和审计结果一旦公开，任何一方都无法否认审计结果。

3.3　BSC-DAM：基于区块链的分布式远程外包数据审计机制

本节给出 BSC-DAM 的算法框架，描述 BSC-DAM，提出保证金算法，并详细说明该算法。

3.3.1　基本框架

图 3.2 展示了 BSC-DAM 的算法框架。从图中可以看出，BSC-DAM 能够处理两种审计情况：第一种是定期审计，主要审计 DO 外包数据块；第二种是非定期审计，处理用户读取 DO 外包数据时的审计请求。与定期审计相比，非定期审计增加了访问授权算法，其挑战算法、生成聚合证据算法以及审计聚合证据算法与定期审计相同，3.3.2 小节详细描述了框架所涉及的算法。

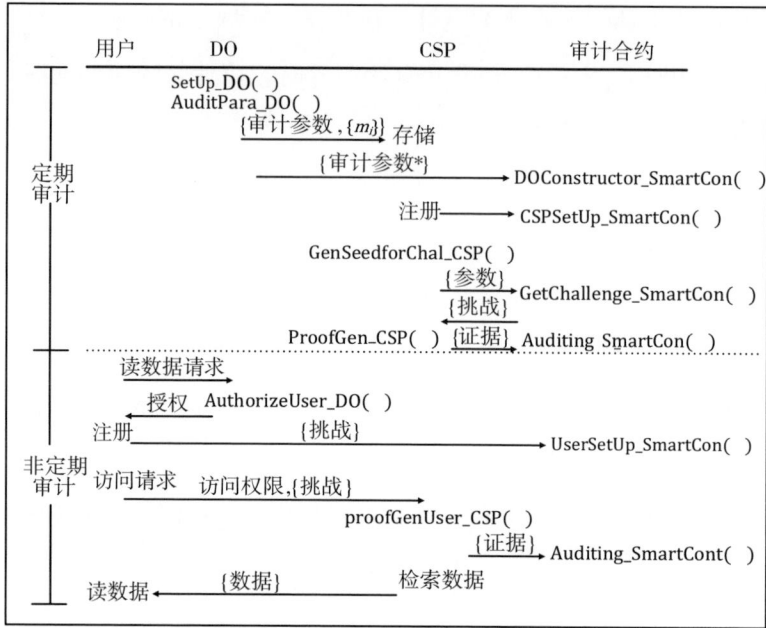

图 3.2　BSC-DAM 算法框架

3.3.2　BSC-DAM 详述

（1）Setup_DO。DO 选择随机密钥对 $\{ssk,\ spk\}$、随机数 α 和 u（$\alpha \in \mathbf{Z}_p$，$u \in G_1$）。DO 的私钥 $sk = \{\alpha,\ ssk\}$，公钥 $pk = \{g,\ u,\ v,\ spk\}$（$u = g^\alpha, v \in G_2$）。

（2）AuditPara_DO。DO 把外包给云服务器的数据集 M 划分为 n 个数据块 $M = \{m_i\}_{i \in [1,\ n]}$，使用私钥 α 计算每个数据块的同态可验证标签：

$$\sigma_i = (H(m_i) \cdot u^{m_i + i})^\alpha \tag{3-1}$$

得到 M 的同态可验证标签集合：

$$\Phi = \{\sigma_i\}_{i \in [1,\ n]} \tag{3-2}$$

为了监督 CSP 正确地存储动态更新后的数据块，DO 使用 $\{H(m_i)\}_{1 \leqslant i \leqslant n}$ 构

建默克尔树，并本地存储 MHT 根结点 R_{MHT}。DO 向 CSP 发送数据 $\{M，\Phi\}$ 后，整合审计参数 $\{CSPAddr，StorTime，AudInterval，ChalNum，pk，R_{MHT}\}$，生成交易触发审计合约，其中 CSPAddr 为 DO 外包数据服务器的地址，StorTime 为外包数据存储时间，AudInterval 为审计周期（根据 StorTime 和 AudInterval 合约可以计算出审计周期），ChalNum 为挑战数据块数量，pk 为 DO 公钥。

（3）DOConstructor_SmartCon。如算法 3.1 所示，这是一个 payable 函数，表示合约可以接受并存储保证金。DO 发送相关参数和一定数额的电子货币触发该算法，算法功能是初始化审计合约中 DO 对象，DO 数据结构如图 3.3 所示。

算法 3.1　DoConstructor_SmartCon　payable

输入：$\{CSPAddr，StorTime，AudInterval，ChalNum，pk，R_{MHT}\}$
输出：void
1.　require(msg.value == Dep_{DO}，Deposit is effective)；
2.　DOs[msg.sender] ←
　　DataOwner(CSPAddr，StorTime，AudInterval，ChalNum，pk，R_{MHT}, msg.value, 0,
　　AuditMissions[ ])；

```
struct DataOwner {
    address CSPAddr;
    uint StorageTime;
    uint AudInterval;
    uint ChalNum;
    Curve.Gpoint [ ] pk;
    uint MHT;
    uint value;
    uint IndexTask;        /* 当前审计任务编号 */
    string[n] AuditMissions; /* 审计状态 */
    challenge chal;
    challenge chalDy;
}
struct challenge {
    uint[ ] i;  uint[ ]o_i;
}
```

图 3.3　审计合约中 DO 的数据结构

（4）CSPSetUp_SmartCon。如算法3.2所示，这是一个payable函数。该算法由CSP触发，算法功能是把CSP发送的保证金存储到相应的对象账户中，其中CSPBalances表示CSP账户余额。

算法3.2　CSPSetUp_SmartCon　payable

输入：void
输出：void
1.　require(msg.value == Dep_{CSP}, Deposit is effective);
2.　CSPBalances[msg.sender] ← msg.value ;

（5）GenSeedforChal_CSP。该算法由CSP执行，功能是生成审计挑战的种子。CSP从区块链中获取最新区块Nonce，执行延迟函数，得到随机种子 $seed$，其中 t 为延迟时间。

$$seed = f^{t}(nonce_{newest}) \tag{3-3}$$

在执行延迟函数过程中，CSP保存 k 个时间点以及在这 k 个点上的相应值 $\{i, f^{t}(nonce_{newest})\}_{i \in [1, \cdots, k]}$，根据待审计外包数据DO地址，生成传入合约算法GenChallenge_SmartCon中的参数，触发该合约函数，其中输入参数表示可为 $\{seed, \{i, f^{t}(nonce_{newest})\}_{i \in [1, \cdots, k]}, DOAddr\}$。

（6）GenChallenge_SmartCon。如算法3.3所示，这是审计合约中的函数，由CSP触发，算法功能是生成审计挑战。函数根据DOAddr查找智能合约中对应的DO对象，得到其属性值，并检查当前时间是否为准确的审计时间、触发合约的CSP地址是否为正确的云服务器地址、当前的审计任务状态是否为挂起状态以及随机数种子是否合法，如果以上检查结果均合法，合约使用伪随机数生成器为DO对象生成审计挑战。

算法 3.3　GenChallenge_SmartCon

输入：$seed, \{i, f'(nonce_{newest})\}_{i \in [1, ..., k]},$ DOAddr

输出：$chal \leftarrow \{(i, o_i)\}$

1.　DataOwner DO $\leftarrow$ DOs[DOAddr];
2.　TimeStamp $\leftarrow$ the newest block's timestamp;
3.　require msg.sender == DO.CSPAddr;
4.　require TimeStamp in the time range of the current auditing task;
5.　require DO.AuditMissions[DO.IndexTask] $\leftarrow$ "pending";
6.　**if**(verify $seed \leftarrow (i, f'(nonce_{newest}))$) **then**:
7.　　DO.chal $\leftarrow$ PRNG($seed, |$DO.chal$|$);
8.　　**return** DO.chal
9.　**end if**
10.　**return**;

（7）ProofGen_CSP。该算法由 CSP 执行，功能是根据挑战集合生成聚合证据。CSP 收到挑战集合 $chal = \{(i, o_i)\}$ 后，找到挑战集合对应的数据块和同态可验证标签，计算聚合证据。为保证数据块的隐私，CSP 选择随机数 $l \in \mathbf{Z}_p$，计算随机数证据 $Rand \in G_1$。

$$Rand = w^l = (u^\alpha)^l \tag{3-4}$$

CSP 使用 $(Rand, l, o_i, m_i)$ 计算数据证据：

$$\mu = \sum_{chal} o_i \cdot m_i + l \cdot h(Rand) \tag{3-5}$$

CSP 按照如下公式分别计算标签证据和哈希证据：

$$\sigma = \prod_{chal} \sigma_i^{o_i} \tag{3-6}$$

$$\varsigma = \prod_{chal} H(m_i)^{o_i} \tag{3-7}$$

最后，CSP发送聚合证据 $P = \{ \mu,\ \sigma,\ \varsigma,\ Rand \}$ 触发审计合约完成审计。

（8）Auditing_SmartCon。如算法3.4所示，这是由CSP触发的部署在智能合约中用于审计聚合证据的算法。算法使用MissionSelect参数来区分定期审计和非定期审计。在定期审计中，算法判断触发合约的CSP地址是否为DO对象中存储的服务器地址。如果是正确地址，DO对象中的审计任务数量加1，然后利用双线性对性质计算并判断审计等式左右两边是否相等。相等说明审计成功，算法把DO对象中的当前审计状态改为success，扣除DO账户一定数额的保证金作为存储费用支付给CSP；反之，说明CSP没有正确存储外包数据，算法把DO对象的当前审计状态改为exception，扣除CSP账户一定数额的保证金给DO。

算法 3.4　　Auditing_SmartCon

输入：MissionSelect，DOAddr，UserAddr，P
输出：VerificationResult
1.　DataOwner DO ← DOs[DOAddr];
2.　if(MissionSelect) then:
3.　　　require msg.sender == DO.CSPAddr;
4.　　　DO.IndexTask ← DO.IndexTask + 1;
5.　　　uint sum ← 0;
6.　　　for index ← 0 to DO.ChalNum.i.length do:
7.　　　　　sum ← sum + DO.chal.i[index]*DO.chal.o$_i$[index];
8.　　　end for
9.　　　if($e(\sigma \cdot Rand^{h(Rand)},\ g) == e(\varsigma \cdot u^{\mu + sum},\ v)$) then:
10.　　　　　DO.AuditMissions[IndexTask] ← "success";
11.　　　　　CSPBalances[msg.sender] ← CSPBalances[msg.sender] + price$_{audit}$;
12.　　　　　dep$_{DO}$ ← dep$_{DO}$ − price$_{audit}$;
13.　　　else
14.　　　　　DO.AuditMissions[IndexTask] ← "exception";
15.　　　　　CSPBalances ← CSPBalances − price$_{audit}$;
16.　　　　　dep$_{DO}$ ← dep$_{DO}$ + price$_{audit}$;
17.　　　end if
18.　else
19.　　　User U ← Users[UserAddr];
20.　　　require msg.sender == U.CSPAddr;
21.　　　require DOAddr == U.DOAddr;
22.　　　uint sum ← 0;

23.　　　　for index ← 0 to U.Chal.i.length　do:
24.　　　　　　sum ← sum + U.chal.i[index]*U.chal.o$_i$[index];
25.　　　　end for
26.　　　　if$(e(\sigma \cdot Rand^{h(Rand)},\ g) == e(\varsigma \cdot u^{\mu+sum},\ v))$ then:
27.　　　　　　CSPBalances[msg.sender] ← CSPBalances[msg.sender] + price$_{RtoCSP}$;
28.　　　　　　DO.value ← DO.value + price$_{RtoDO}$;
29.　　　　　　dep$_U$ ← dep$_U$ −(pric$_{RtoCSP}$ + price$_{RtoDO}$);
30.　　　　else
31.　　　　　　CSPBalances ← CSPBalances − (price$_{RtoCSP}$ + price$_{RtoDO}$);
32.　　　　　　dep$_{DO}$ ← dep$_{DO}$ + price$_{RtoDO}$;
33.　　　　　　dep$_U$ ← dep$_U$ + price$_{RtoCSP}$;
34.　　　　end if
35.　　end if

在非定期审计中，算法根据用户地址，得到用户对象 U，检查触发合约的 CSP 地址是否为 U 想要读取数据的 CSP 地址，检查 U 中所存储的授予访问权限的 DO 地址是否为算法参数中的 DO 地址。如果以上检查均合法，则算法审计 U 读取的外包数据块。若审计成功，则会扣除 U 中一定数额的保证金作为存储和数据费用支付给 CSP 和 DO；若审计失败，则扣除 CSP 一定数额的保证金给 U 和 DO。最后，将合约审计结果发布到区块链中，任何人都可以看到审计流程和结果，实现透明审计。

（9）AuthorizeUser_DO。该算法由 DO 执行，功能是授予用户访问权限。DO 使用用户唯一标识符 $name_{user}$ 计算其访问标签：

$$T_{uname} = name_{user} \| ssig_{ssk}(name_{user}) \qquad (3\text{-}8)$$

并将 T_{uname} 发送给用户和 CSP，表示已经授予用户外包数据访问权限。

（10）UserSetUp_SmartCon。如算法 3.5 所示，这是一个 payable 函数，由用户触发，功能是初始化合约中用户对象，其数据结构如图 3.4 所示。算法的输入是用户要读取数据块标号和对应随机值所组成的挑战、目标 DO 地址和目标 CSP 地址。合约存储用户一定数额的保证金，可作为服务费用支付给 DO 和

CSP，也可作为惩罚手段防御用户恶意行为。

算法 **3.5**　UserSetUp_SmartCon payable

输入：$chalU \leftarrow \{(i,\ o_i)_{i \in read}\}$，DOAddr，CSPAddr

输出：void

1. require(msg.value == Dep_U);
2. Users[msg.sender] $\leftarrow$ User(DOAddr, CSPAddr, msg.value, challenge(chalU));

```
struct User{
    address CSPAddr;
    address DOAddr;
    uint value;
    challenge chal;
}
```

图 3.4　审计合约中用户的数据结构

（11）ProofGenDO_CSP。CSP 收到用户读取 DO 外包数据请求和对应的挑战信息后，验证用户访问权限。如果验证通过，那么 CSP 根据挑战数据计算聚合证据 $proof_u$，计算证据的具体过程与算法 ProofGen_CSP 相同，并发送 $proof_u$，触发审计合约中的 Auditing_SmartCon 算法审计聚合证据。

3.3.3　动态审计

在实际中，DO 不仅能够随时随地访问 CSP 上的外包数据块，还可以更新这些数据块，因此 BSC-DAM 还支持外包数据块的动态操作。图 3.5 是 BSC-DAM 动态审计过程（修改、插入、删除）过程，图中使用"更新"代替三种动态操作。

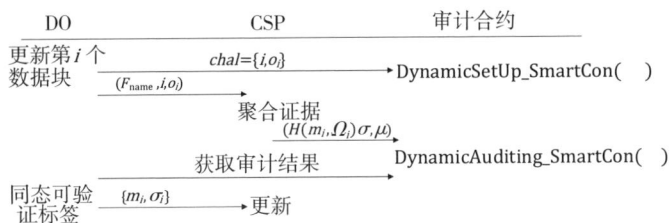

图 3.5　动态审计过程

假设 DO 需要更新数据块 $\{m_i\}_{i \in update}$，其中 $update \in [1, n]$。首先，DO 创建交易触发审计合约，如算法 3.6 所示，算法根据 DO 地址找到对应的对象，并使用参数 $chalDy = \{i, o_i\}_{i \in update}$ 初始化对象中成员变量 DO.chalDy；其次，DO 向 CSP 发送动态请求 $Dy = \{O, F_{name}, chalDy\}$，其中 O 表示动态操作类型，$F_{name}$ 表示动态操作数据集名称；再次，CSP 收到 Dy 后，根据待动态更新数据块 $\{m_i\}_{i \in update}$ 计算证据 $proof_{update}$，$proof_{update}$ 除了要包含 $\{\mu, \sigma, Rand\}$ 之外，还要包含动态更新数据块 m_i 的散列值 $\{H(m_i)\}_{i \in update}$ 以及它们的辅助路径 $\{\Omega_i\}_{i \in update}$；最后，CSP 调用合约中的 DynamicAuditing_SmartCon 算法完成数据块的动态审计。

算法 3.6　DynamicSetUp_SmartCon

输入：chalDy
输出：void
1.　DataOwner DO ← DOs[msg.sender];
2.　DO.chalDy ← challenge(chalDy)

动态审计过程如算法 3.7 所示，算法使用 $\{H(m_i), \Omega_i\}_{i \in update}$ 计算 MHT 树的根结点 R'_{MHT}，如果 R'_{MHT} 与合约保存的最新 MHT 树的根结点 R_{MHT} 相同，再审计证据 $\{\mu, \sigma, Rand\}$。只有根结点和证据都通过审计验证，合约才会代替 DO 支付 CSP 一定的保证金作为动态操作的服务费用。DO 获得动态审计成功的消息后，向 CSP 发送更新数据 $\{m_i, \sigma_i\}_{i \in update}$，CSP 收到后替换相应的外包数据块和对应的同态可验证标签，完成动态操作。

算法 3.7 　Dynamic Auditing_SmartCon

输入：$P_{up} \leftarrow \left(\mu, \sigma, \{H(m_i), \Omega_i\}_{i \in update}, Rand \right), DOAddr$

输出：AuditingResult

1.　　DataOwner DO $\leftarrow$ DOs[DOAddr]；
2.　　equire msg.sender == DO.CSPAddr；
3.　　$R'_{MHT} \leftarrow$ Hash$(H(m_i), \Omega_i)_{i \in update}$；
4.　　require$(R_{MHT} == R'_{MHT})$；
5.　　uint sum $\leftarrow 0$；
6.　　for index $\leftarrow 0$ to DO.ChalDynamic.i.length　do:
7.　　　　　sum = sum + DO.ChalDy.i[index]*DO.ChalDy.o$_i$[index]；
8.　　end for
9.　　if$(e(\sigma \cdot Rand^{h(Rand)}, g) == e(\prod\limits_{i \in update} (H(m_i)^{o_i}) \cdot u^{\mu + sum}, v))$ then:
10.　　　　CSPBalances[msg.sender] $\leftarrow$ CSPBalances[msg.sender] + price$_{dynamic}$；
11.　　　　dep$_{DO} \leftarrow$ dep$_{DO}$ - price$_{dynamic}$；
12.　else
13.　　　　CSPBalances $\leftarrow$ CSPBalances - price$_{dynamic}$；
14.　　　　dep$_{DO} \leftarrow$ dep$_{DO}$ + price$_{dynamic}$；
15.　end if

3.3.4　批量审计

假设有 k 个不同的 DO 同时发起审计请求，其中 $k \in [1, 2, \cdots, K]$，BSC-DAM 可以同时处理这些审计任务。

k 个不同的 DO 初始化合约中 DO 对象，这些 DO 具有相同的自动审计时间点。当到达审计周期时，CSP 触发审计合约，获得挑战 $chal = \{(i, o_i)\}$。CSP 选择 k 个随机数 $l_k \in \mathbf{Z}_p$，计算 $Rand_k = (u_k^{\alpha_k})^{l_k}$。CSP 使用 $Rand_k$ 打破数据证据 $\mu_k = \sum\limits_{i \in chal} o_i \cdot m_{k, i} + l_k \cdot h(Rand_k)$ 的线性特征，保护 DO 的外包数据隐私。根据挑战数据块标签和散列函数值，CSP 计算标签证据 $\sigma_k = \prod\limits_{i \in chal} \sigma_{k, i}$ 和哈希证据 $s_k = \prod\limits_{i \in chal} H(m_{k, i})^{o_i}$，获得最后的聚合证据 $proof_{DOs} = \{\mu_k, \sigma_k, s_k, Rand_k\}$。

CSP 发送参数为 $proof_{DOs}$ 的交易触发合约，完成批量审计。批量审计的算法与 Auditing_SmartCon 算法相比，除了最后的审计等式不同之外，其他均相同，批量审计等式为

$$e\left(\prod_{k=1}^{K}\left(\sigma_k \cdot Rand_k^{h(Rand_k)}\right),\ g\right) \overset{?}{=} e\left(\prod_{k=1}^{K}\left(s_k \cdot u_k^{\mu_k + \sum_{i \in chal} i \cdot o_i}\right),\ \prod_{k=1}^{K} v_k\right) \quad (3\text{-}9)$$

如果式（3-9）成立，说明所有 DO 的挑战数据块都正确完整地存储在服务器中，否则说明至少有一个 DO 的挑战数据块出现了问题。

3.3.5　保证金机制

传统的审计协议中大多没有引入保证金机制[69-93]。在这些协议中，CSP 提供免费存储服务，TPA 也免费地审计外包数据块，引入合理的付费审计机制，可以让这些无偿服务变为有偿服务，使审计机制更加实用。所以 BSC-DAM 实现保证金机制，具体如算法 3.8 所示。

算法 3.8 MarginMechanism

输入：$\left(\{m_i\}_{i \in [1,\ n]},\ StorTime,\ AudInterval,\ price_{audit}\right),\ \left(\{m_i\}_{i \in [1,\ n]},\ price_{RtoCSP},\ price_{RtoDO}\right)$

输出：void

1. $dep_{DO} \leftarrow \left(\{m_i\}_{i \in [1,\ n]},\ StorTime,\ AudInterval,\ price_{audit}\right)$;

2. $dep_{DO} \rightarrow$ smart contract;

3. $dep_{CSP} \leftarrow dep_{DO}$;

4. $dep_{CSP} \rightarrow$ smart contract;

5. $dep_U \leftarrow \left(\{m_i\}_{i \in [1,\ n]},\ price_{RtoCSP},\ price_{RtoDO}\right)$;

6. $dep_U \rightarrow$ smart contract;

7. **if** (DO audit) **then**:

8. 　　　if (Audit success) then:

9. 　　　　　CSPBalances $\leftarrow$ CSPBalances $+ price_{audit}$;

10. 　　　　　$dep_{DO} \leftarrow dep_{DO} - price_{audit}$;

11. 　　　**else**:

12. 　　　　　CSPBalances $\leftarrow$ CSPBalances $- price_{audit}$;

13. 　　　　　$dep_{DO} \leftarrow dep_{DO} + price_{audit}$;

14. 　　　end if

15. **else if** (U audit) **then**:

16. 　　　if (Audit success) then:

17. 　　　　　CSPBalances $\leftarrow$ CSPBalances $+ price_{RtoCSP}$;

18. 　　　　　$dep_{DO} \leftarrow dep_{DO} + price_{RtoDO}$;

19. 　　　　　$dep_U \leftarrow dep_U - (price_{RtoCSP} + price_{RtoDO})$;

20.　　　　else:
21.　　　　　　CSPBalances ← CSPBalances − (price$_{RtoCSP}$ + price$_{RtoDO}$);
22.　　　　　　dep$_{DO}$ ← dep$_{DO}$ + price$_{RtoDO}$;
23.　　　　　　dep$_U$ ← dep$_U$ + price$_{RtoCSP}$;
24.　　　　end if
25.　　end if
26. else if (dynamic audit) then:
27.　　　　if (Audit success) then:
28.　　　　　　CSPBalances ← CSPBalances + price$_{dynamic}$;
29.　　　　　　dep$_{DO}$ ← dep$_{DO}$ − price$_{dynamc}$;
30.　　　　else:
31.　　　　　　CSPBalances ← CSPBalances − price$_{dynamic}$;
32.　　　　　　dep$_{DO}$ ← dep$_{DO}$ + price$_{dynamic}$;
33.　　　　end if
34.　　end if
35. else if (Malicious behavior of DO or U) then:
36.　　　　Deduct certain m arg in of DO or U account to CSP;
37.　　end if
38. end if

　　在BSC-DAM的保证金机制中，第一，DO根据外包数据集大小、外包时间和审计价格确定存放到合约中的保证金额；CSP根据DO保证金额确定存放到合约中的保证金额；用户根据读取外包数据数量以及CSP和DO的服务价格确定存放到合约中的保证金额。第二，CSP发送交易触发合约，合约执行Auditing_SmartCon算法；当审计DO外包数据集时（MissionSelect == true），如果审计验证成功，那么合约从DO的保证金中扣除一次的审计费用price$_{audit}$支付给CSP；当用户U发起审计时（MissionSelect == false），如果审计验证成功，那么合约从U的保证金中扣除费用price$_{RtoCSP}$和price$_{RtoDO}$分别支付给CSP和DO。第三，当DO发起动态审计交易时，如果审计成功，那么合约从DO的保证金中扣除一次动态审计费用price$_{dynamic}$支付给CSP。第四，如果发现DO或U的恶意行为，扣除其账户保证金给其他无辜实体，扣除保证金数额由审计服务价格决定。

3.4　安全性与正确性分析

本节对 BSC-DAM 的安全性和正确性进行分析和证明。

3.4.1　安全模型

根据 3.2.3 小节中所描述的威胁模型可知，在 BSC-DAM 中，CSP 是一个"半诚实"实体，所以针对 BSC-DAM 的安全要求，给出聚合证据不可伪造的安全模型，用于分析 BSC-DAM 的安全性。

聚合证据不可伪造：在审计过程中，通过伪造合法的聚合证据通过完整性审计是不可行的。具体的聚合证据不可伪造安全模型参照 2.5.1 小节。

3.4.2　安全性分析

定理 3.1　在计算性 CDH 难题时，BSC-DAM 可以抵抗伪造聚合证据攻击。

在随机预言机模型下，证明定理 3.1 的正确性，其证明过程与定理 2.1 的证明过程类似，因此此处省略相应的证明过程。

3.4.3　正确性和稳健性分析

3.4.3.1　正确性分析

BSC-DAM 的正确性可通过算法 Auditing_SmartCon 中的审计等式和式（3–9）证明。具体分析如下：

$$
e\left(s \cdot u^{\mu + \sum\limits_{i \in chal} i \cdot o_i},\ v\right) = e\left(\prod_{i \in chal} H(m_i)^{o_i} \cdot u^{\sum\limits_{chal}(m_i \cdot o_i + l \cdot h(Rand) + i \cdot o_i)},\ g^{\alpha}\right)
$$

$$
= e\left(\prod_{i \in chal}\left((H(m_i) \cdot u^{m_i + i})^{\alpha}\right)^{o_i} \cdot \left((u^{\alpha})^l\right)^{h(Rand)},\ g\right)
$$

$$
= e\left(\prod_{i \in chal} \sigma_i^{o_i} \cdot \left((u^{\alpha})^l\right)^{h(Rand)},\ g\right)
$$

$$= e(\sigma \cdot Rand^{h(Rand)}, \ g) \qquad\qquad (3\text{--}10)$$

式（3-9）是处理多 DO 发起的审计任务情况，其正确性证明类似于上述分析。

3.4.3.2 稳健性分析

BSC-DAM 的核心审计算法是部署到以太坊智能合约中，所以只要以太坊的安全性得到保证就可以确保 BSC-DAM 的稳健性。智能合约的共识性特征，使得它可以代替"半诚实"TPA 执行分布式审计任务，并且审计结果能够保存到区块链中供人们查阅。审计流程和审计结果公开透明，不仅可以抵抗 CSP 破坏外包数据的恶意行为，还可以抵抗 DO 和用户诬陷 CSP "不诚实"存储的恶意行为。

3.5 性能评估

本节从理论分析和实验验证两个方面评估 BSC-DAM 的性能。

3.5.1 理论分析

3.5.1.1 方案对比

许多外包数据公共审计协议都由 TPA 执行核心审计算法，具有集中式审计的特征，但实际很难找到"诚实"TPA 实体。BSC-DAM 支持分布式审计，它将审计算法写入智能合约中并部署到以太坊，由矿工代替 TPA 审计 DO 外包数据。以太坊的共识机制使得 BSC-DAM 的审计过程比集中式审计协议更加透明和安全。

DO 和用户在很多审计协议中都被假设为"诚实"实体。但是实际它们并不一定是"诚实"，比如它们会否认审计结果，损坏云存储服务器声誉。在 BSC-DAM 中，DO 和用户被定义为"半诚实"实体。为防止 DO 和用户发起敲诈攻击，智能合约要求矿工公开审计结果，公开的审计流程和结果增强了 BSC

-DAM 的安全性。

BSC-DAM 支持有实际意义的有偿审计。DO、CSP 和用户都要在智能合约的相应对象账户中存放一定数额的保证金。为防止 CSP "拿钱跑路"，BSC-DAM 没有一次性代替 DO 付清 CSP 存储的外包数据服务费用，而是按照审计次数分期结算，每成功审计一次或者完成一次动态操作，智能合约会代替 DO 付给 CSP 一次服务费用。而对于授权访问 DO 外包数据的用户，智能合约代替用户支付给 CSP 和 DO 一定的服务费用。BSC-DAM 也设计了惩罚模式，当发现 DO、CSP 或者用户有恶意行为时，合约对其进行惩罚，自动扣去恶意实体账户中一定数额的保证金给无辜实体。区块链透明性特征和保证金模式有效地增加了 BSC-DAM 的安全性和实用性，使 BSC-DAM 比集中式审计协议更具有现实意义。

类似于其他审计协议，BSC-DAM 同样支持公共审计、动态审计、批量审计，并且可以抵抗常见的重放攻击、伪造攻击和替代攻击。本章选择 DCT-PA[102]、3P-PDP[72] 和 DHT-PA[86] 与 BSC-DAM 进行审计方式的对比，具体见表 3.1。

表 3.1　审计协议对比

方案	公共审计	批量审计	动态审计	去中心化审计	定期自动审计	有偿审计	抗三种审计攻击
DCT-PA	Y	Y	Y	N	N	N	Y
DHT-PA	Y	Y	Y	N	N	N	Y
3P-PDP	Y	Y	Y	N	N	N	Y
BSC-DAM	Y	Y	Y	Y	Y	Y	Y

3.5.1.2　计算复杂度对比

本章选择 3P-PDP 和 DHT-PA 与 BSC-DAM 对比，具体见表 3.2。假设数据集 M 被划分为 n 个数据块，并选择 c 个数据块参与挑战。从表 3.2 中可以看出，在初始化阶段，BSC-DAM 和 3P-PDP 比 DHT-PA 减少了 $n\text{Pair}_G$ 和 $n\text{Add}_{z_p}$ 计算量，

但增加了 $n\mathrm{Exp}_G$ 计算量。与 DHT-PA 相比，BSC-DAM 在生成聚合证据阶段，增加了 $c\mathrm{Exp}_G$ 和 $(c+1)\mathrm{Mul}_{z_p}$ 计算，但是在审计阶段，BSC-DAM 的计算量明显低于 DHT-PA，其计算量主要来自 $c\mathrm{Mul}_G$ 和 $c\mathrm{Add}_{z_p}$，而 DHT-PA 则增加了 $c\mathrm{Exp}_G$，$c\mathrm{Mul}_G$ 和 $(c-1)\mathrm{Hash}$ 的计算量。同样，与 3P-PDP 相比，BSC-DAM 在聚合证据阶段增加了 $c\mathrm{Exp}_G$ 和 $c\mathrm{Mul}_G$ 的计算量，在审计阶段，3P-PDP 比 BSC-DAM 增加了 $c\mathrm{Exp}_G$ 和 $c\mathrm{Hash}_{z_p}$ 的计算量。由于审计阶段 TPA 的计算能力较差，让 CSP 承担更多的计算量更加实用。

表 3.2　计算复杂度对比

方案	初始化阶段	聚合证据阶段	审计阶段
DHT-PA	$(n+1)\mathrm{Exp}_G +$ $n\mathrm{Hash}_{z_p} + n\mathrm{Mul}_G +$ $n\mathrm{Add}_{z_p} + n\,\mathrm{Pair}_G$	$(c+1)\mathrm{Exp}_G + 2c\mathrm{Mul}_G +$ $c\mathrm{Add}_{z_p} + \mathrm{Pair}_G$	$(c+2)\mathrm{Exp}_G + (2c+2)\mathrm{Mul}_G +$ $c\mathrm{Add}_{z_p} + c\mathrm{Hash}_{z_p} + \mathrm{Pair}_G$
3P-PDP	$n\mathrm{Mul}_G + n\mathrm{Hash}_{z_p} +$ $2n\mathrm{Exp}_G$	$(c+2)\mathrm{Exp}_G + \mathrm{Hash}_G +$ $c\mathrm{Mul}_G + (c+1)\mathrm{Mul}_{z_p} +$ $(c+1)\mathrm{Add}_{z_p}$	$(c+3)\mathrm{Exp}_G + (c+2)\mathrm{Mul}_G +$ $c\mathrm{Hash}_{z_p} + 2\mathrm{Pair}_G$
BSC-DAM	$n\mathrm{Mul}_G + n\mathrm{Hash}_{z_p} +$ $2n\mathrm{Exp}_G$	$(2c+1)\mathrm{Exp}_G + \mathrm{Hash}_G +$ $2c\mathrm{Mul}_G + (c+1)\mathrm{Mul}_{z_p} +$ $(c+1)\mathrm{Add}_{z_p} + c\mathrm{Hash}_{z_p}$	$2\mathrm{Exp}_G + (c+2)\mathrm{Mul}_G +$ $(c+1)\mathrm{Add}_{z_p} + \mathrm{Hash}_G +$ $2\mathrm{Pair}_G$

3.5.2　实验验证分析

本节设计实验评估 BSC-DAM 性能。实验选择四台计算机搭建系统原型，分别模拟 DO、云存储服务、以太坊和用户。计算机的配置是 Intel（R） Core（TM） i7-4710HQ2.50 GHz 处理器、8 GB RAM，操作系统为 Ubuntu。使用 Python 语言编写 DO 端、用户端和 CSP 端的相应算法，使用 solidity 语言编写审计合约。为了更明显地验证审计效率，选择不同数据结构的协议 3P-PDP[72] 和 DHT-PA[86] 与 BSC-DAM 对比。

实验使用alt_bn128椭圆曲线计算数据块的同态可验证标签[108]，使用SH3–Keccak256算法计算数据块的哈希值并构建MHT[109-110]。由于CSP生成的聚合证据一部分是群G_1中的元素，需要在群G_1中运算，另一部分是G_2中的元素，不需要运算操作，所以在审计合约中实验引入开源库solcrypto实现群G_1上的运算[111]，生成审计等式左右两边的参数。为了在智能合约中执行最后的审计验证，实验调用支持alt_bn128椭圆曲线相关操作的预编译合约，在以太坊虚拟机（EVM）的环境下[46-48, 107, 112-115]，利用双线性对性质审计外包数据块[34, 116-117]。由于当DO外包数据块遭受CSP破坏的数量不少于其总数的1%时，即只需抽取460个挑战数据块，就能够以99.9%的概率审计出CSP的恶意行为[25]，所以本实验假设CSP破坏1%的外包数据，并选择100~600个挑战数据块检测BSC-DAM性能。在动态操作中，为了解决Gas不足的问题，本实验把一个交易划分为多个交易，每次交易可处理100个动态数据块。实验中数据块的大小为20 kB。

3.5.2.1　数据块同态可验证标签计算成本

图3.6是计算同态可验证签名的时间对比，这是整个机制中比较消耗计算资源的过程。从图中可以看出，随着数据块不断增加，同态可验证签名计算时间线性增长。BSC-DAM和3P-PDP的计算复杂度基本相同，优于DHT-PA。

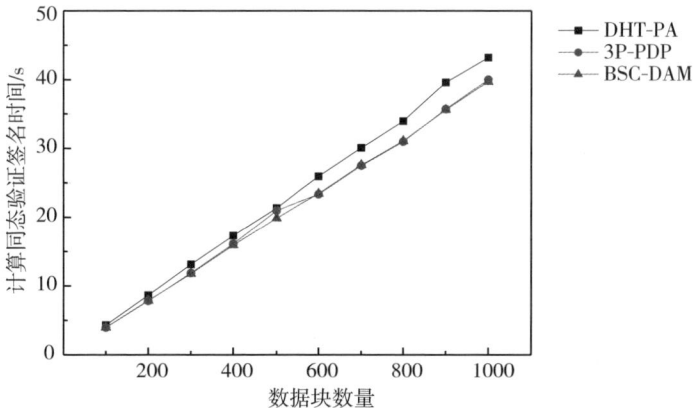

图 3.6　同态验证签名时间对比

3.5.2.2 挑战数据集计算成本

由于 BSC-DAM 支持分布式审计，但矿工是"不诚实"实体，所以挑战数据集不能由矿工决定。BSC-DAM 通过对 Nonce 值处理生成随机数种子，再由随机数种子生成挑战数据集，保证了挑战数据集的随机性和安全性。图 3.7 是BSC-DAM 计算挑战数据生成时间，从图中可以看出，随着挑战数据块的增加，生成数据集的时间变化不大，在 33 ms 处上下波动。

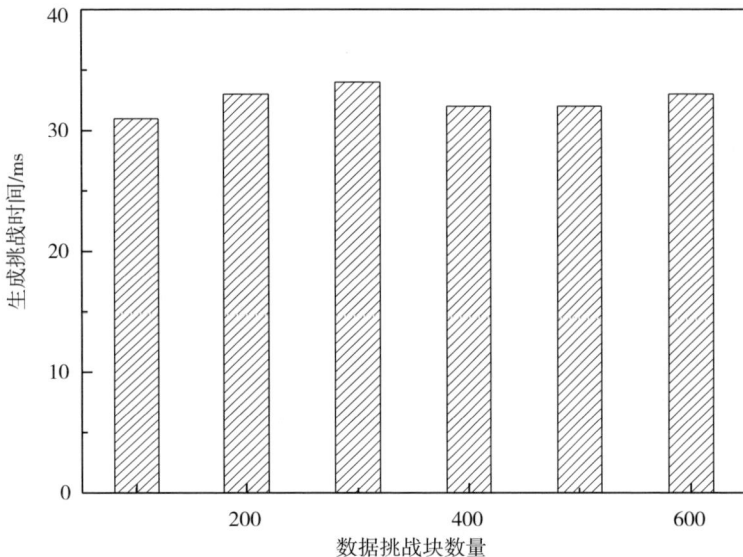

图 3.7　挑战数据生成时间

3.5.2.3 聚合证据和审计验证计算成本

图 3.8 是聚合证据计算时间对比，随着挑战数据块增加，计算时间线性增长。BSC-DAM 所用时间比 DHT-PA 和 3P-PDP 长，主要原因是 BSC-DAM 比DHT-PA 和 3P-PDP 分别增加了 $(c\mathrm{Exp}_G + c\mathrm{Mul}_{z_p})$ 和 $(c\mathrm{Exp}_G + c\mathrm{Mul}_G)$ 计算量。

图 3.9 是审计验证计算时间对比。可以看出，三种方案计算时间都随着挑战数据的增加而线性增长，虽然 BSC-DAM 计算量少，但它花费的时间仍然比另外两个方案长。这是因为将 BSC-DAM 的审计验证算法写入智能合约中，需要一定的配置时间和挖矿时间，但随着审计数据块的增加，差距会逐渐

缩小。

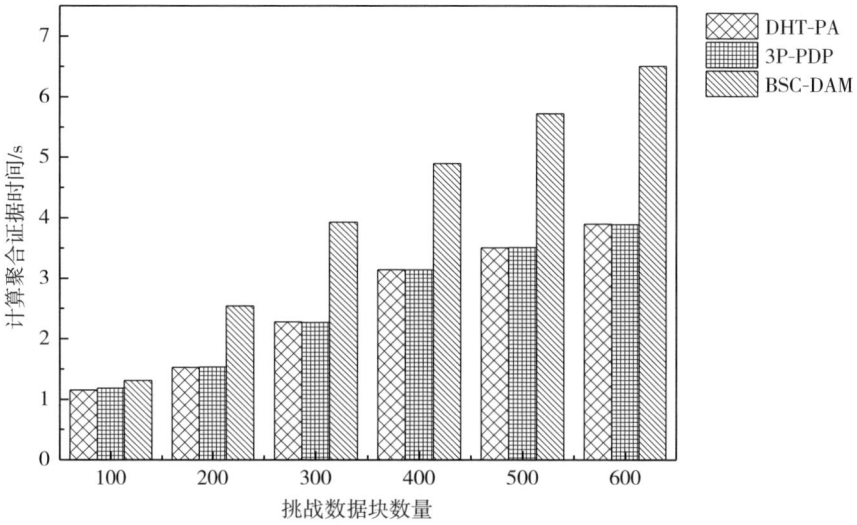

图 3.8　聚合证据计算时间对比

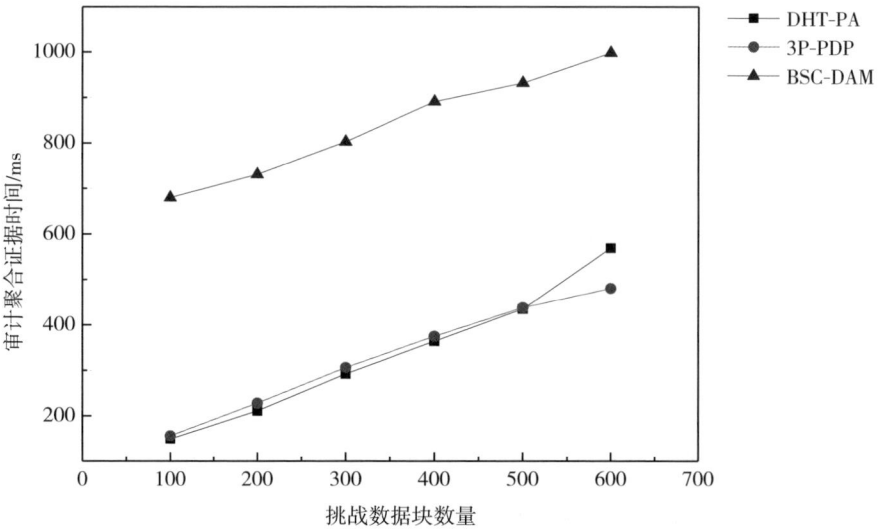

图 3.9　审计验证计算时间对比

3.5.2.4　Gas 消耗

图3.10是审计数据块的Gas消耗。从图中可以看出，审计100~600个数据块，Gas从427412增长到494412，但Gas没有超过一次交易的限制数量。但是在批量审计中，由于Gas限制，一次交易处理的DO数量受到了限制。经过计算，合约中批量处理算法可以批量同时处理500个DO发起的审计请求，每个请求的挑战数据块数量为460个，所消耗的Gas为582717，如果合约想要处理更多数量DO的审计请求，就需要将请求拆分成若干个后再触发多个交易实现审计。

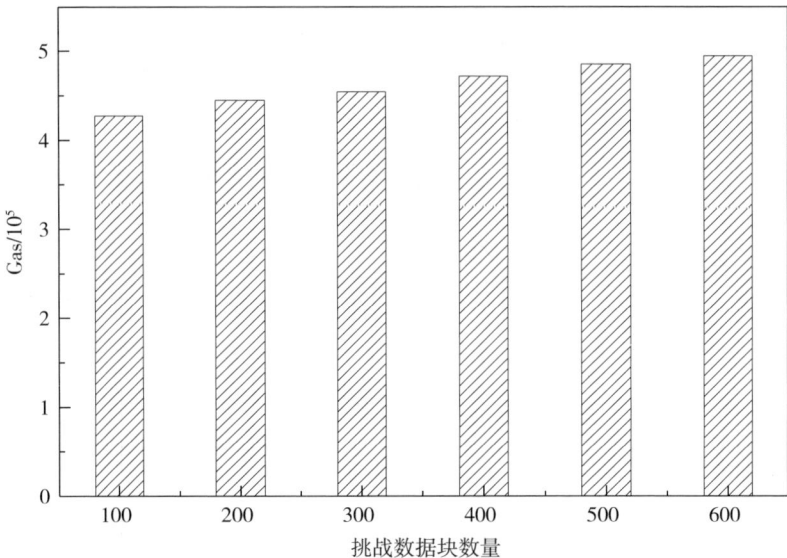

图 3.10　Gas 消耗

3.5.2.5　批量审计和动态审计成本

图3.11是批量审计的计算消耗。从图中可以看出，在挑战数据块相同的情况下，批量一次性审计10个DO的时间要远远少于单独审计10个DO的时间。随着DO个数的增加，审计时间没有线性上升，而是增长平缓，这也进一步说明批量审计可以有效地提高系统效率。

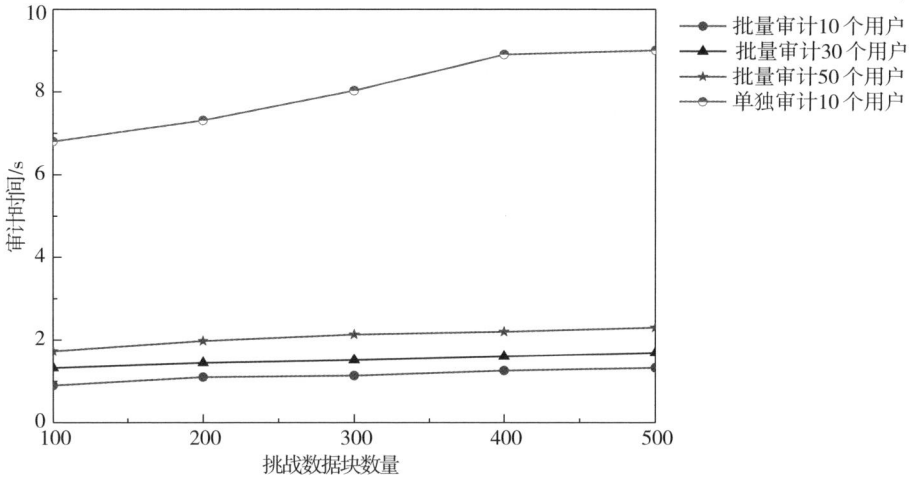

图 3.11　批量审计时间对比

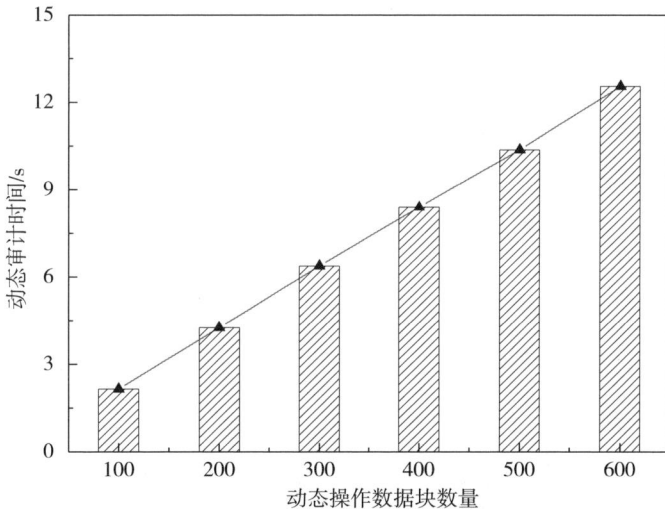

图 3.12　动态审计时间

图 3.12 是动态审计的计算消耗。动态审计所花费的时间比较多，这是因为期间需要生成 MHT 的根结点，增加了在群 G_1 上的循环操作。在动态审计中，调用预编译合约中双线性对算法审计数据块时，每次群 G_1 上的加法和乘法操作消耗的 Gas 都为 2000，为防止交易中 Gas 消耗过多，实验把每 100 个数据块划分为 1 个交易。从图中可以看出，随着数据块的不断增加，审计时间线性增

长。处理100个数据块的动态审计时间为2.153 s，处理600个数据块，需要运行6次交易，运行动态审计算法的时间增长到了12.549 s。每增加100个数据块，就会增加一个交易，动态审计的时间增长幅度在2.12 s上下浮动。

3.5.2.6 检测概率

假设DO有10万个数据块外包到云服务器中。图3.13表示使用多少个挑战数据块才能以集合 p_{detect} = { 90.0%，95.0%，99.0%，99.9% } 中的概率检测出CSP的恶意行为。从图中可以看出，如果CSP破坏0.1%的数据块时，审计合约需要4890个随机数据块才能以99.9%的概率检测出CSP的恶意行为，如果破坏1%时，合约仅需要462个随机数据块就能以99.9%的概率检测出CSP的恶意行为。随着破坏数据块数量的增加，挑战数据块的数量快速减少，并且不同检测概率所需挑战数据块数量之间的差距也迅速缩小。

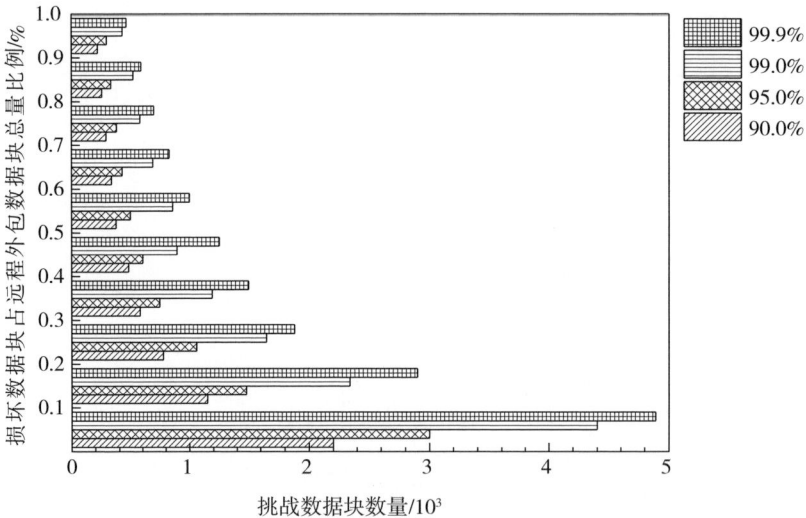

图 3.13 挑战数据块数量与审计正确率

3.6 讨论

BSC-DAM可以支持依靠双线性对性质实现的审计协议。根据动态数据结构，这些协议可以划分为两类：一类是基于 MHT 的审计协议；另一类是基于 Non-MHT 的审计协议。Non-MHT 数据结构主要有表、双向链表等。无论审计协议的动态数据结构是什么类型，其审计原理都相同。CSP 收到挑战数据后，找到相应的外包数据块和同态可验证标签计算聚合证据 $proof = \{p_{Lj},\ p_{Rk}\}_{j,\ k=1,\ 2,\ \cdots}$，其中，$p_{Lj}$ 可计算双线性对审计等式的左侧部分，p_{Rk} 可计算双线性对审计等式的右侧部分。审计合约会保存 DO 根据外包数据块生成的动态数据 $\varGamma$，比如数据块版本号哈希值或者 R_{MHT}。当 CSP 生成审计交易触发合约时，审计算法会计算审计变量 ϖ，这里 $\varpi \leftarrow \varGamma \cdot G,\ G \in p_{Rk}$，把计算结果放到等式 $(p_{Lj},\ g) == e(\varpi \cdot u^{p_{Rk}},\ v)$ 中实现审计，并公开审计结果。

3.7　用例分析

本章用示例说明 BSC-DAM 机制工作过程。示例中角色与系统模型相同，Alice 表示 DO，AWS 表示 CSP，AC 表示审计合约，Bob 表示用户。

为了模拟 BSC-DAM 在真实以太坊环境下的运行，将审计合约代码部署在权威的以太坊测试网络 Rinkeby 中。实验在 Rinkeby 中的账户和账户地址如下：

0x98e62c0bfc95cd8216d7ac707ac09250e770f520

0x68b32bc40a46ac21ae15cfa95ac52be0adf50853

（1）Alice 将外包数据 M_{Alice} 划分为 1000 个数据块 $M_{\mathrm{Alice}} = \{m_1,\ m_2,\ \cdots,\ m_{1000}\}$，并为每个数据块计算同态可验证标签，组成可验证标签集合并连同 M_{Alice} 发送给 AWS。为了能够监督 AWS 正确存储动态更新后的数据块，Alice 使用 $\{H(m_i)\}_{1 \leqslant i \leqslant n}$ 构建 MHT 树，并本地存储 R_{MHT}。

（2）Alice 整合审计参数 {CSPAddr，StorTime，AudInterval，ChalNum，pk，R_{MHT}}，生成交易触发审计合约，如 StorTime 为 259200；AudInterval 为 8640，CSPAddr 为 1J1zA1eP5QGefi2YMPT9TL8SLmv7DivfNa；ChalNum 为 460；Alice 向审计合约注册相关信息，并放置一定数量的以太币到合约中。

（3）AWS向审计合约注册地址，放置一定数量的以太币到合约中，同时，Bob也向审计合约注册地址，放置以太币到合约中。

（4）每出8640个区块，AWS发起一次定期审计。定期审计中AWS使用最新的Nonce值0x0a0babe4cabe40b2调用延迟函数生成随机数种子，在执行延迟函数的过程中，AWS记录并保持7个时间点以及其所对应的随机值得到验证数组，如：CheckPiont=["0xa63ddfc8ee724369", "0x0fdfcafe99c94ad6", "0x87fb5e98e4e84da7", "0x26daa75755fc4f15", "0x72af94f4b77f4a37", "0x123dda788efc43df", "0x0x0a0babe4cabe40b2"]，其中 seed= "0x0x0a0babe4cabe40b2"。AWS 触发 GenChallenge_SmartCon算法，算法使用延迟函数来验证CheckPiont是否合法，并利用seed计算挑战数据集合 $chal = \{i, \ r_i\}_{i \in [s_1, \ s_{460}]}$。

（5）AWS根据挑战数据块集合计算聚合证据$\{(u^\alpha)^l, \prod\limits_{i \in [s_1, \ s_{460}]} \sigma_i^{\ r_i}, \sum\limits_{i \in [s_1, \ s_{460}]} o_i \cdot m_i + l \cdot h(R), \prod\limits_{i \in [s_1, \ s_{460}]} H(v_{ti})^{r_i}\}$，并触发Auditing_SmartCon算法验证聚合证据，如果验证通过，Alice支付保证金给AWS。

（6）在动态操作中，Alice和AWS将动态算法部署的审计合约AC中，当Alice想要修改第3个数据块时，它触发AC合约记录动态修改数据块的挑战信息$chal = \{3, \ r_3\}$，AWS计算动态聚合证据，调用DynamicAuditing_SmartCon算法审计AWS是否合法的保存了Alice外包数据，审计通过后审计合约AC自动代替Alice支付保证金给AWS，随后Alice发送数据块$\{m'_3, \ \sigma'_3\}$完成更新操作。

（7）当Bob读取AWS中Alice的外包数据时，Alice使用私钥通过计算$T_{Bob} = name_{Bob} \| ssig_{ssk}(name_{Bob})$为Bob授予访问权限，并将$T_{Bob}$发送给CSP。Bob调用合约中算法UserSetUp_SmartCon注册消息，登记所要访问的数据块信息，挑战信息以及Alice地址和AWS。CSP收到Bob的访问请求后，验证权限并计算聚合证据触发Auditing_SmartCon算法确认Alice和AWS是否为正确的计算对象，确认通过后，再审计聚合证据，并支付服务费用给Alice和AWS。

3.8　本章小结

本章针对集中式审计所要面临的安全问题，提出基于区块链的分布式远程外包数据审计机制（BSC-DAM）。首先，描述 BSC-DAM 系统模型、威胁模型和设计目标。其次，展示了 BSC-DAM 算法框架，详细地说明了 BSC-DAM 机制，并且介绍审计合约中的具体算法和所用到的数据结构。再次，BSC-DAM 支持保证金模式，将无偿远程外包数据审计升级为更符合实际情况的分期付款审计模式，并可以惩罚发起恶意行为的实体。最后，通过安全性分析证明了 BSC-DAM 的安全性，通过性能评估验证了 BSC-DAM 的实用性，同时抽象出基于双线性对的审计协议模型，说明 BSC-DAM 具有良好的可扩展性。

第4章 基于按规模大小成比例概率抽样的远程外包数据审计机制

基于 CSP 删除 DO 低访问频率数据块假设，并针对远程外包数据审计机制中随机抽取挑战数据块而引发的效率问题，本章提出基于按使用规模大小成比例概率抽样的远程外包数据审计机制。该机制使用数据块访问频率作为辅助信息构建 PPS 方法抽取挑战数据块，提高抽中低访问频率数据块概率，并引入 CSP 信用机制，减轻系统各方实体计算压力。本章通过性能评估证明了机制的高效性。

4.1 引 言

云存储以其成本低、存储空间可扩展和灵活度高等特点备受人们欢迎。尽管云存储有诸多优点，但其存储的外包数据仍面临完整性和正确性被破坏的风险。虽然远程外包数据审计协议已经成为解决此类风险的重要技术，但是由于云存储需求不断增加，数据完整性审计协议面临沉重的计算负担，如何降低数据完整性审计协议成本、提高审计效率已经成为这个研究方向的重点问题之一。

目前，很多审计协议为云存储环境下远程外包数据审计协议的进一步研究奠定了良好基础。但是这些协议均使用简单随机抽样的方法抽取挑战数据块[74-76, 78-87, 101]，没有关注如何选择挑战数据块来提高审计效率的问题。通常，数据块具有访问频率的特征，而 CSP 为了节省存储空间或者提高经济利益，可能会删除低访问频率的数据块[25, 118-121]。简单随机抽样方法以等概率的方式抽取样本中的单位，但这样的抽样方式不利于抽中低访问频率数据块。而基于按规模大小成比例的概率抽样（PPS）方法抽中每个单位的概率与其所在样本大小成正比，所以本章以 CSP 会随机删除 DO 低访问频率数据块为假设条件，采用 PPS 作为抽取挑战数据块的抽样方法，提出基于按规模大小成比例概率抽样的远程外包数据审计机制（remote outsourcing data auditing mechanism based on probability sampling proportional to size，PPS-AM）。PPS-AM 选择数据块使用频率作为辅助信息，将数据集划分为不等容量的初级抽样单位。低访问频率的数据块使用频率低、周期长，由这些数据块组成的初级抽样单位大，那么在第一抽样阶段抽样中会以较大概率抽中由低频率数据组成的初级抽样单位。第二抽样阶段以第一抽样阶段抽中的单位为样本，使用随机抽样方法从样本中抽取挑战数据块。所以，使用 PPS 抽中低访问频率数据块的概率大于随机抽样方法，即在相同审计准确度的条件下，PPS 方法抽取的挑战数据比随机抽样方法要少。

在公共审计协议中，TPA 会积累很多审计结果，但是目前没有审计协议考虑如何使用这些结果提高审计效率。本章提出 CSP 信用模式，在该模式下 TPA 会统计审计结果，根据统计值累积并公开 CSP 的信用值，迫使 CSP 提高服务质量，鼓励 DO 延长审计周期，达到减轻审计系统中各方计算压力的目的。本章主要贡献如下。

（1）本章假设 CSP 会随机删除低访问频率外包数据块[25, 118-121]，并针对该情况使用 PPS 方法抽取挑战数据块，提高抽中低访问频率数据块的概率。第一抽样阶段，选择数据块的访问频率作为辅助信息对数据集分组，提高抽中低访问频率分组的概率；第二抽样阶段，选择第一抽样阶段抽中的分组作为样本，采用随机方法抽取数据块组成挑战集合。本章面向 PPS 方法，提出基于按规模大小成比例概率抽样的远程外包数据审计机制（PPS-AM），该机制中挑战数据集能够以较高概率覆盖到低访问频率数据块，提高审计效率。

（2）本章设计 CSP 信用模式。该模式根据 TPA 统计的审计结果，累积计算并定期公开 CSP 信用值，迫使 CSP 提高存储服务质量，鼓励 DO 延长审计周期，减轻机制中各实体的计算压力。

（3）安全性分析证明PPS-AM可以抵抗常见的审计攻击。性能评估部分对比其他的审计协议，说明在相同的审计条件下，本章所提PPS-AM比基于简单随机抽样方法的审计机制更加高效。

4.2 问题阐述

本节主要介绍PPS-AM的系统模型、威胁模型和设计目标。

4.2.1 系统模型

如图4.1所示，系统模型中涉及四个实体，分别是DO、CSP、TPA以及正在使用云存储服务或者打算使用该项服务的公众。DO、CSP和TPA实体的具体定义在第2章已经给出。

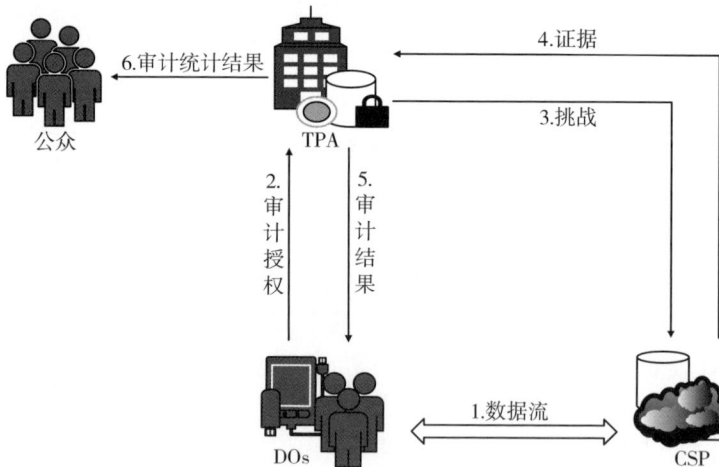

图 4.1　PPS-AM 系统模型

DO使用PPS方法抽取挑战数据块，提高抽中低访问频率数据块概率。为支持PPS方法，在PPS-AM预处理阶段，DO按照数据块访问频率对其排序，生成包含数据块访问频率和逻辑ID的新数据集。DO为数据集中每个数据块生成同态可验证标签，并与原始数据集一同发送给 CSP。当 DO 发起审计请求时，使用 PPS 方法在新数据集中抽取多个数据块 ID，与审计授权一起发送给 TPA。TPA 收到后根据数据块 ID 生成挑战集合，向 CSP 发送该集合与其审计授权。CSP 检查 TPA 授权是否合法，如果合法，根据挑战数据集和其对应的同态可验证标签计算聚合证据并返回给 TPA。TPA 审计聚合证据，把验证结果发送给 DO。为了降低 PPS-AM 的计算压力，TPA 根据审计结果累积并定期公开 CSP 的信用值，鼓励公众延长外包数据审计周期。

4.2.2　威胁模型

在 PPS-AM 中，假设 CSP 是"半诚实"实体[25, 32]，这意味着 CSP 可能会删除或篡改 DO 低访问频率的外包数据块，并企图伪造聚合证据或者使用旧的聚合证据通过 TPA 审计，通常它会发起伪造攻击、重放攻击和替代攻击。TPA 被认为是"半诚实"实体[25, 32]，这意味着它能够遵守审计协议验证聚合证据，"诚实"收集和发布审计结果，但它对 DO 的外包数据感到好奇，企图通过 CSP 返回相同挑战数据块的若干个聚合证据计算出 DO 的数据信息。

4.2.3　设计目标

根据上述威胁模型，PPS-AM 的设计目标如下：

（1）公共审计。允许任何被 DO 信任的、有一定计算能力的实体，在没有数据副本的情况下，审计 DO 的外包数据。

（2）高效。确保使用较少的挑战数据块达到与普通审计协议相同的正确率。

（3）存储安全。DO 的外包数据被 CSP 恶意破坏后，CSP 不能根据这些被损坏的数据块生成合法的聚合证据。

（4）数据隐私。TPA 不能通过计算相同数据块的多个聚合证据得到这些数据块内容，泄露 DO 的外包数据信息。

4.3 PPS-AM：基于 PPS 的远程外包数据审计机制

本节给出 PPS-AM 的基本框架，并详细描述 PPS-AM 流程。

4.3.1 基本框架

图 4.2 是 PPS-AM 框架，共有四个实体和九个算法。算法可以分为两大部分：第一部分是初始化阶段，包括计算安全参数和各方密钥算法、外包数据集进行 PPS 抽样前的预处理算法、生成同态可验证标签算法以及授予 TPA 审计权限算法；第二部分是核心审计阶段，主要由抽取挑战数据块算法、聚合证据生成算法、审计验证算法和统计审计结果算法组成。4.3.2 小节描述了详细过程。

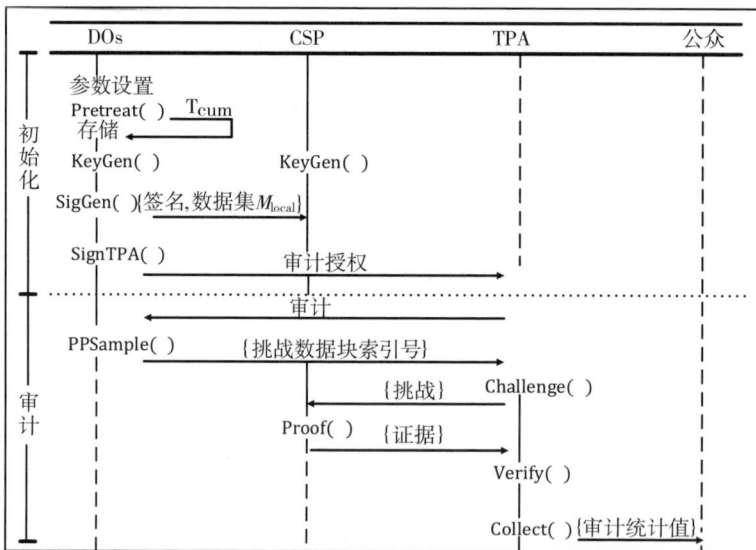

图 4.2 PPS-AM 审计框架

4.3.2 PPS-AM 详述

4.3.2.1 初始化阶段

（1）参数设置。假设 G_1 和 G_2 是两个乘法循环群，素数 p 为它们的阶。PPS-AM 中全局安全参数为 $(G_1, G_2, e, p, g, u, H)$。

（2）Pretreat(M)。预处理阶段包括两个算法。

第一个算法是产生由 DO 外包数据访问频率和逻辑 ID 共同组成的数据集 M_{local}，该数据集作为 PPS 初级样本保存到本地。算法输入是 DO 外包数据集 $M = \{m_1, m_2, \cdots, m_n\}$，输出 M_{local}，具体算法如下。

算法 4.1 datasetforPPS

输入：$M \leftarrow \{m_1, m_2, \cdots, m_n\}$
输出：$M_{local} \leftarrow \{m_1', m_2', \cdots, m_n'\}$
1.   read(M);
2. $M_{temp} \leftarrow$ storted M by frequency;
3.   dim M_{local} as a list;
4.   for $i \leftarrow 1$ to n do:
5.   dim dict as a dictionary;
6.   dict[frequency] $\leftarrow M_o[i]\cdot$frequency;
7.   dict[id] $\leftarrow M_o[i]\cdot$id;
8.   add dict at the end of M_{local};
9.   end for
10. return M_{local}

第二个算法的功能是为 PPS 方法生成累积表。输入是最小频率（f_{min}）、最大频率（f_{max}）和频率间隔，输出是累积表（T_{cum}），具体算法如下。

算法4.2 cumulativeTableforPPS

输入：f_{min}, f_{max}, interv
输出：T_{cum}
1.   dim T_{cum} as a list;
2.   rangeLow $\leftarrow 1$, sum $\leftarrow 0$;

---

3.   for $i \leftarrow f_{min}$ to f_{max} do：

4.   dimtemp as a list；

5.   freqInterv $\leftarrow i +$ iterv；

6.   if freqInterv $\geq f_{max}$ then：

7.   freqInterv $\leftarrow f_{max}$；

8.   end if

9.   frequency $\leftarrow i$，freqInterv；

10.   while $(i \leq$ freqInterv$)$ do：

11.   sum $\leftarrow$ sum $+ 1$；

12. $i \leftarrow i + 1$；

13.   end while

14.   range $\leftarrow$ rangeLow，sum；

15.   rangeLow $\leftarrow$ sum $+ 1$；

16.   add frequency，sum，range to the end of temp；

17.   add temp to the en of T_{cum}；

18.   end for

19. T_{cum} is written to CSV，column name is frequency，sum，range，respectively；

算法4.2生成的累积表结构见表4.1。

表 4.1   累积表

分组	频率	累积和	累积范围
1	$f_1 \sim f_{interv}$	$sum_1 = \sum\limits_{i=1}^{interv} f_i$	$f_1 \sim sum_1$
2	$f_{interv} + 1 \sim f_{2*interv}$	$sum_2 = \sum\limits_{i=f_1}^{2*interv} f_i$	$sum_1 + 1 \sim sum_2$
$\vdots$	$\vdots$	$\vdots$	$\vdots$
n	$f_{(n-1)*interv} + 1 \sim f_{max}$	$sum_n = \sum\limits_{i=f_1}^{f_{max}} f_i$	$sum_{n-1} + 1 \sim sum_n$

（3）KeyGen(1^k)。算法功能是为 DO 和 CSP 生成密钥对，输入是安全参数 k，输出是实体密钥对。DO 选择一个随机值 α 作为它的私钥 sk_{DO}，并计算 $v \leftarrow g^\alpha$ 作为它的公钥 pk_{DO}。随后，DO 将公钥 pk_{DO} 发送给 TPA 并秘密保存私钥 sk_{DO}。同样，生成 CSP 的公私密钥对 $\{sk_{CSP}, pk_{CSP}\}$ 将公钥 pk_{CSP} 分享给 TPA 并秘密保管私钥 sk_{CSP}。

（4）SigGen(M，sk_u）。算法功能是为每个数据块生成同态可验证标签并计算可标识数据集 M 的唯一标签，输入是数据集 M 和 DO 的私钥 sk_{DO}，输出是发送给 CSP 的外包数据集。对于每个数据块 $m_i \in M$（$i \in [1，n]$），DO 使用私钥 sk_{DO} 计算同态可验证标签 $\sigma_i = (H(m_i) \cdot u^{m_i})^\alpha$，得到同态可验证标签集合 $\Phi = \{\sigma_i\}_{1 \leqslant i \leqslant N}$。DO 为 M 计算标签 tag = name‖n‖u‖$sig_{sk_{DO}}$(name‖n‖u)，向 CSP 发送 $\{M，\Phi，tag\}$ 后，本地删除 $\{M，\Phi\}$ 以释放存储空间。

（5）SignTPA(sk_{DO}，tag，PID_{TPA}）。算法功能是为 TPA 授予审计权限，输入是 DO 的私钥 sk_{DO}、数据集标签 tag 和 TPA 身份标识符 PID_{TPA}，输出是 TPA 的授权标签。TPA 使用 DO 的公钥 pk_{DO} 加密 PID_{TPA}，将密文发送给 DO。DO 在收到 TPA 的密文后解密，得到 PID_{TPA}，并根据该值计算 TPA 的访问授权标签 $sig_{TPA} = sig_{sk_{DO}}$(AUIH‖tag‖$PID_{TPA}$)，其中 AUIH 是 DO 选择的一个随机值。DO 向 CSP 发送 AUIH，向 TPA 发送授权标签 sig_{TPA}。

4.3.2.2 审计阶段

（1）PPSample(M_{local}，T_{cum}，n，m）。算法功能是抽取挑战数据块 ID，算法输入是数据集 M_{local}，累积表 T_{cum}，n 和 m，输出是包含数据块 ID、大小为 $n*m$ 的数据集 $IChal$。在第一抽样阶段，算法使用 PPS 方法从累计表 T_{cum} 中抽取 n 个单位作为第一抽样样本；第二抽样阶段，使用随机抽样方法从第一抽样阶段所抽取的 n 个单位中再抽取 m 个外包数据块 ID。具体如算法 4.3 所示。

算法 **4.3** PPSample

输入：M_{local}，T_{cum}，n，m
输出：$IChal$
1.　read T_{cum}；
2.　read M_{local}；
3.　sumMax ← the Maximum sum value in the T_{cum}；
4.　k ← sumMax／n；j ← 0
5.　R ← the random value between $[1，k]$；
6.　dim L，Fre as a list；
7.　for i ← 1 to n do:　　/* the first sampling stage*/
8.　　　　add k to the end of L；

---

9. $k \leftarrow k + \mathrm{R}$;

10.   end for

11.   for t in T_{cum} do:

12.   while($\mathrm{L}(j)$ is between $t.\mathrm{range}$) do:

13.   add $t.\mathrm{frequency}$ to the end of ;   /* sampling results*/

14.   End while

15.   end for

16.   for m in M_{local} do: /* the second sampling stage*/

17.   If $m.\mathrm{frequency}$ is between $\mathrm{Fre}[z]$ then:

18.   add $m.\mathrm{ID}$ to list G;

19.   else $m.\mathrm{frequency} > \mathrm{Fre}[z].\mathrm{lastFrequency}$;

20. $z \leftarrow z + 1$;

21.   Randomly select m elements from G and add them to $IChal$;

22.   emply G;

23.   End if

24.   end for

25.   return $IChal$;

（2）Challenge(pk_{CSP}, $\mathrm{sig}_{\mathrm{TPA}}$, $IChal$)。算法功能生成挑战数据集，输入是 CSP 公钥 pk_{CSP}、TPA 授权标签 $\mathrm{sig}_{\mathrm{TPA}}$ 以及集合 $IChal$，输出是挑战数据集 $chal$。TPA 计算 $\{\mathrm{PID}\}_{pk_{\mathrm{CSP}}}$，并为 $IChal$ 中每个元素选择一个随机系数 $o_i \leftarrow \mathbf{Z}_p (i \in IChal)$，生成挑战集合 $chal = \{\mathrm{sig}_{\mathrm{TPA}}, \{\mathrm{PID}\}_{pk_{\mathrm{CSP}}}, \{(i, o_i)_{i \in IChal}\}\}$ 后，发送给 CSP。

（3）Proof($chal$, Φ, M)。算法功能根据挑战集合生成聚合证据，输入是挑战数据集 $chal$、数据块同态可验证标签集合 Φ 以及外包数据集 M，输出是聚合证据 P。CSP 收到 TPA 发送的挑战数据后，解密 $\{\mathrm{PID}_{\mathrm{TPA}}\}_{pk_{\mathrm{CSP}}}$ 得到 PID，并使用 AUIH、PID、tag 和 pk_{DO} 计算等式

$$e\Big(\big(H(\mathrm{AUIH\|tag\|PID})\big)^{\alpha}, g\Big) \overset{?}{=} e(H(\mathrm{AUIH\|tag\|PID}), v) \quad (4\text{-}1)$$

验证 TPA 是否获得 DO 的合法授权。如果授权合法，CSP 计算随机数证据 $Rand = w^l = (u^{\alpha})^l$（其中 $l \in \mathbf{Z}_p$，是 CSP 选择的随机数），数据证据 $\mu = \sum_{i \in chal}(o_i \cdot m_i) + l \cdot h(Rand)$，标签证据 $\sigma = \prod_{i \in chal} \sigma_i^{o_i}$，得到聚合证据 $P = \{\mu, \sigma, H(m_i), Rand\}_{i \in chal}$，并将该

证据发送给TPA。

（4）Verify(pk_u，$chal$，P）。算法功能是审计CSP发送的聚合证据，输入是DO公钥pk_{DO}、挑战数据集$chal$以及聚合证据P，输出是审计结果。TPA收到CSP发送的聚合证据后，使用式（4-2）审计聚合证据：

$$e(\sigma \cdot Rand^{h(Rand)}, g) \overset{?}{=} e\left(\left(\prod_{i \in chal} H(m_i)^{o_i}\right) \cdot u^{\mu}, v\right) \tag{4-2}$$

如果式（4-2）成立，算法返回TRUE，TPA相信DO的外包数据完整正确地存储在云服务器中；反之，算法返回FALSE。最后TPA将审计结果发送给DO。

（5）Collect(auditResults)。算法功能是统计审计结果，输入是一定时间内的审计结果 auditResults，输出是CSP信用值。TPA收集每个CSP的审计结果，并根据挑战数据集的大小计算CSP信用值。每隔一段时间TPA会公开该信用值，为公众评判CSP的服务质量提供重要依据。

4.4　安全性与正确性分析

本节对PPS-AM的安全性、正确性进行分析和证明。

4.4.1　安全模型

根据4.2.2小节中所描述的威胁模型可知，在PPS-AM中，CSP是一个"半诚实"实体，所以针对PPS-AM的安全要求，给出如下安全模型，用于分析PPS-AM的安全性。

（1）聚合证据不可伪造。在审计过程中，通过伪造合法的聚合证据通过完整性审计是不可行的。

具体的聚合证据不可伪造安全模型可以参照2.5.1小节内容。

（2）非授权标签不可审计。在审计过程中，除非第三方拥有外包数据集的审计授权，否则不能获得聚合证据。

假设存在一个挑战者 C 和概率多项式敌手 A, 如果敌手 A 发起非授权标签不可审计攻击, 并能以可忽略的概率生成合法聚合证据并通过审计验证, 那么该机制具有非授权标签不可审计性。

①初始化。构造挑战者 C 与敌手 A 之间的非授权标签不可审计游戏, 挑战者 C 构造算法 B_A, 为敌手 A 模拟 PPS-AM 环境, 敌手 A 可以向 B_A 问询, B_A 根据问询结果执行审计协议。这里 B_A 为验证者, 而敌手 A 为证明者。

②问询。有 H1-预言机和审计授权标签-预言机, 敌手 A 可以向 H1-预言机问询关于 PID_i 的哈希值 $H(AUIH\|tag\|PID_i)$, 其中 PID_i 表示授予审计权限的实体标号, 其组成的集合为 T_1, 即 $\{PID_i, H(AUIH\|tag\|PID_i)\} \in T_1$。同时, 敌手 A 也可以向审计授权标签-预言机问询关于 PID_i 的审计授权标签 χ_i, 其组成的集合为 T_2, $\{(PID_i, \chi_i)\} \in T_2$。

③输出。若如果敌手 A 根据集合 T_1 和 T_2 计算出一个合法的审计授权标签 χ_{b^*}, 其对应的 $PID_{b^*} \notin T_2. PID_i$, 并且 χ_{b^*} 可以通过 B_A 的验证, 则敌手 A 赢得游戏。

4.4.2 安全性分析

定理 4.1　在计算性 CDH 难题下, PPS-AM 可以抵抗伪造聚合证据攻击。

在随机预言机模型下, 证明定理 4.1 的正确性, 其证明过程与定理 2.1 的证明过程类似, 因此此处省略相应的证明过程。

定理 4.2　在计算性 CDH 难题下, PPS-AM 可以抵抗非授权不可审计攻击。

证明: 如果敌手 A 能够以不可忽略的概率 ε_3 赢得非授权不可审计攻击游戏, 那么 B_A 就能够利用敌手 A 以不可忽略的概率解决 CDH 困难问题。

假设 M 为外包数据块的集合, 在非授权不可审计攻击游戏中, 审计的数据集均为 M, 给定 $\alpha \in Z_p$, $\beta \in Z_p$, g 为群 G 的生成元, α 为 DO 的私钥, g^α 为 DO 公钥。B_A 的输入值为 g^α 和 g^β, 那么 B_A 能够以不可忽略的概率解决 CDH 难题, 输出 $g^{\alpha\beta}$。

H1-预言机：敌手 A 向 B_A 询问关于 AUIH‖tag‖PID_i 的哈希值 $H(\text{AUIH}\|\text{tag}\|PID_i)$：

（1）如果 AUIH‖tag‖PID_i 已经在 H 列表 $\{PID_i,\ \text{AUIH}\|\text{tag}\|PID_i,\ H(\text{AUIH}\|(\text{tag}\|PID_i))\}$ 中，B_A 直接从列表中提取 $\{k_0,\ PID_i,\ \text{AUIH}\|\text{tag}\|PID_i,\ h_{\text{AtP}}\}$，并向敌手 A 回复 $H(\text{AUIH}\|\text{tag}\|PID_i) = h_{\text{AtP}}$。

（2）如果 AUIH‖tag‖PID_i 不在 H 列表中，B_A 从 $k_0 = \{0,1\}$ 中随机选择，其中 $Pr[k_0 = 0] = \omega$，随机数 $p_i \leftarrow \mathbf{Z}_p$。当 $k_0 = 0$ 时，计算 $h_{\text{AtP}} = g^{p_i}$；当 $k_0 = 1$ 时，计算 $h_{\text{AtP}} = g^{\beta p_i}$，$B_A$ 将 $\{k_0,\ PID_i,\ \text{AUIH}\|\text{tag}\|PID_i,\ h_{\text{AtP}}\}$ 存入 H 列表中，并向敌手 A 回复 $H(\text{AUIH}\|\text{tag}\|PID_i) = h_{\text{AtP}}$。

审计授权标签-预言机：为保证 B_A 与敌手 A 交互与真实攻击实例一致，B_A 维护审计授权标签列表 $\text{sig}_{AU} = \{PID_i,\ \text{AUIH}\|\text{tag}\|PID_i,\ \chi_i\}$，根据该列表及时响应 A 对 PID_i 授权标签的请求。

（1）若 AUIH‖tag‖PID_i 的授权标签已经在列表中，则 B_A 提取列表中的 χ_i 作为应答响应敌手 A。

（2）若 AUIH‖tag‖PID_i 的标签不在列表中，则 B_A 查找 H1 列表，获取对应的 $H(\text{AUIH}\|\text{tag}\|PID_i)$，若对应记录不存在，则自行请求预言机。

①若对应的记录在 H1 列表中，其中 $k_0 = 0$，则 B_A 选择 $H(\text{AUIH}\|\text{tag}\|PID_i)$ 按照如下方式生成标签：

$$\chi_i = \left(H(\text{AUIH}\|\text{tag}\|PID_i)\right)^{\alpha} = g^{\alpha p i} \tag{4-3}$$

记录 $\{PID_i,\ \text{AUIH}\|\text{tag}\|PID_i,\ \chi_i\}$ 加入标签列表中，并把 χ_i 作为应答发送给敌手 A。

②当 $k_0 = 1$ 时，B_A 拒绝响应对应的标签。

伪造输出：敌手 A 生成一个合法的审计授权标签 χ_{b^*}，满足等式（4-1），即

$$e(\chi_{b^*}, \; g) = e(H(\text{AUIH}\|\text{tag}\|\text{PID}_{b^*}), \; g^{\alpha}) \tag{4-4}$$

假设所期望合法的审计授权标签为 χ_b，那么该授权标签也应满足式（4-1），即

$$e(\chi_b, \; g) = e(H(\text{AUIH}\|\text{tag}\|\text{PID}_b), \; g^{\alpha}) \tag{4-5}$$

使用式（4-5）除以式（4-4）可以得到：

$$\left(\frac{\chi_{b^*}}{\chi_b}, \; g\right) = e\left(\frac{H\left(\text{AUIH}\|\text{tag}\|\text{PID}_{b^*}\right)}{H\left(\text{AUIH}\|\text{tag}\|\text{PID}_b\right)}, \; g^{\alpha}\right) \tag{4-6}$$

敌手 A 没有向审计授权标签–预言机请求 PID_{b^*} 的审计授权标签，这说明审计授权标签–预言机列表中没有基于 PID_b 的相关授权标签记录，授权标签相关信息只存于 H1 预言机列表中，在 H1 列表中对应的记录为 $k_0 = 1$。对于预期的审计授权标签 χ_b，可以通过请求审计授权标签–预言机列表获取或者根据 H1–预言机列表计算得到，χ_b 在 H1 列表中对应的记录为 $k_0 = 0$。由此，可以通过计算式（4-6）得到：

$$e\left(\frac{\chi_{b^*}}{\chi_b}, \; g\right) = e\left(\frac{g^{\beta} g^{p_{b^*}}}{g^{p_b}}, \; g^{\alpha}\right)$$

$$= e\left(g^{\alpha\beta} \cdot (g)^{\alpha\left(p_{b^*} - p_b\right)}, \; g\right)$$

$$= e(g^{\alpha\beta}, \; g) \cdot e\left((g)^{\alpha\left(p_{b^*} - p_b\right)}, \; g\right) \tag{4-7}$$

所以计算性 CDH 困难问题 g^{α} 和 g^{β} 的解：

$$g^{\alpha\beta} = \frac{\chi_{b^*}}{\chi_b} \cdot \left((g)^{\alpha\left(p_{b^*} - p_b\right)}\right)^{-1} \tag{4-8}$$

归约的概率分析：分析 B_A 利用敌手 A 发起非授权不可审计攻击求解计算

性CDH问题，对于如下的三件事：

E_1：B_A对于敌手A的所有向审计授权标签–预言机问询请求没有拒绝。

E_2：敌手A生成一个合法的审计授权标签。

E_3：E_2事件后，在H1列表中，对于敌手A所生成的合法审计标签，有对应的$k_0 = 1$记录。

如果敌手A能够在以上的事件中获得成功，那么B_A成功求解计算性CDH问题的概率为

$$Pr(E_1 \bigcap E_2 \bigcap E_3) = Pr(E_1)Pr(E_2|E_1)Pr(E_3|E_2 \bigcap E_1) = \omega^{n_a}\varepsilon_3(1-\omega) \quad (4-9)$$

式中，$\omega = n_a/(n_a + 1)$，n_a表示生成标签的次数，那么求解CDH难题的概率至少为$\varepsilon_3/(\hat{e}(n_a + 1))$，其中$\hat{e}$是一个自然对数。由于$\varepsilon_3$是不可忽略的，所以$B_A$能够以不可忽略的概率解决CDH难题，与1.5.6小节中关于CDH困难性问题相矛盾，故PPS-AM能够抵抗非授权不可审计的攻击。

证明完毕。

4.4.3 正确性分析

PPS-AM的正确性可以通过最后的审计等式证明。TPA使用式（4-2）处理DO的审计请求，正确性分析如下：

$$e\left(\left(\prod_{i \in chal} H(m_i)^{o_i}\right) \cdot u^{\mu}, \; v\right) = e\left(\left(\prod_{i \in chal} H(m_i)^{o_i}\right) \cdot u^{\sum_{i \in chal}(o_i \cdot m_i) + l \cdot h(Rand)}, \; v\right)$$

$$= e\left(\left(\prod_{i \in chal} H(m_i)^{o_i}\right)^{\alpha} \cdot u^{\alpha\left(\sum_{i \in chal}(o_i \cdot m_i) + l \cdot h(Rand)\right)}, \; g\right)$$

$$= e\left(\prod_{i \in chal}((H(m_i) \cdot u^{m_i})^{\alpha})^{o_i} \cdot \left((u^{\alpha})^l\right)^{h(Rand)}, \; g\right)$$

$$= e\left(\prod_{i \in chal} \sigma_i^{o_i} \cdot \left((u^{\alpha})^l\right)^{h(Rand)}, \; g\right)$$

$$= e(\sigma \cdot Rand^{h(Rand)}, \; g) \quad (4-10)$$

4.5 性能评估

本节对PPS算法进行理论分析，并与随机算法进行对比，说明PPS的高效性。实验对同态可验证标签、聚合证据和审计验证三个方面的结果进行展示分析，并设计了PPS随机删除任意数据块和随机删除低访问频率数据块的两种场景，对比PPS算法和随机算法的抽取被破坏数据的准确率，最后展示了CSP的信用度与它提供服务质量之间的关系。

4.5.1 PPS性能理论分析

定理4.3 当CSP删除或篡改DO低访问频率数据块时，PPS能以比随机抽样高的概率抽中被CSP破坏的数据块。

证明：分两步证明。

步骤1：证明在第一抽样阶段抽样分组时，如果每个分组的大小相同或者相近，那么使用PPS方法和随机抽样方法抽中被CSP破坏数据块的概率相同。

假设从n条数据中抽取m条数据。使用简单随机方法，抽中概率为m/n。PPS方法中，数据集被划分为a个组，每组有n/a条数据。两阶段抽样，第一抽样阶段从a个组中抽取b个组；第二抽样阶段从b个组分别抽取m/b条数据。从n条数据中抽取m条数据表示为$p(\alpha\beta) = p(\alpha)p(\beta|\alpha)$，其中$p(\alpha)$为从$a$个组中抽取$b$个组的概率，$p(\beta|\alpha)$为在第一抽样阶段抽中$b$组数据条件下，再从每组中抽取$m/b$条数据的概率，具体如下：

$$p(\alpha\beta) = p(\alpha)p(\beta|\alpha) = \frac{b}{a} \times \frac{m/b}{n/a} = \frac{m}{n} \tag{4-11}$$

所以，在PPS方法中，如果每组的数据量相同，使用PPS或者随机抽样方法从n条数据中抽取m条数据的概率相同。

步骤2：证明当第一抽样阶段抽样分组不同时，PPS倾向于抽中较大规模分组。

假设有 n 个数据，要从 n 个数据中抽取 m 个数据，在第一阶段抽样中，仍要从 a 个组中抽取 b 个组，在第二抽样阶段，无论分组规模如何，都要从每个组中抽取 c 条数据，那么 $m = b \times c$，$p(\beta|\alpha) = c/k_i$，其中 k_i 代表组的大小，根据公式 $p(\alpha\beta) = p(\alpha)p(\beta|\alpha)$ 计算概率 $p(\alpha)$：

$$p(\alpha) = \frac{p(\alpha\beta)}{p(\beta|\alpha)} = \frac{m/n}{c/k_i} = \frac{b \times c/n}{c/k_i} = \frac{b \times k_i}{n} \qquad (4\text{-}12)$$

可以看出，在 PPS 的第一抽样阶段，它抽中拥有比较多数据分组的概率大。

步骤 1 说明，在 PPS 方法抽样中，如果分组大小相同，它抽中低访问频率数据块的概率与随机抽样的概率相同；步骤 2 说明，在 PPS 第一阶段抽样中，如果分组大小不同，它能够以较大概率抽中数据多的分组。这意味着与随机抽样相比，PPS 方法更容易抽中大分组中的数据。在算法 cumulativeTableforPPS 中，DO 按照数据块使用频率分组并生成累积表 T_{cum}，低访问频率数据所在的分组会比较大，那么使用 PPS 方法抽样抽中这样数据块的概率会比随机抽样方法大。

证明完毕。

4.5.2　实验验证与分析

本小节通过实验验证 PPS-AM 的有效性。实验选择三台计算机搭建系统原型，分别模拟 DO、云存储服务和审计服务。计算机的配置是 Intel（R）Core（TM）i7-4710HQ CPU @ 2.50 GHz 处理器和 8 GB RAM，操作系统是 Ubuntu。实验使用 C 语言并引入 GNU Multiple Precision Arithmetic（GMP）[122]库和 PBC 实现 PPS-AM 协议。实验选择椭圆曲线 MNT d59 构造双线性对映射，循环群 G_1 和 G_2 的阶为 160 bit，数据块大小为 20 kB。由于 CPOR 协议[88]是经典的公共审计协议，并采用随机抽样方法抽取挑战数据块，所以实验选择该协议与 PPS-AM 进行对比。

4.5.2.1 预处理和同态可验证标签时间

根据PPS-AM，DO对数据集进行预处理操作，包括数据集分组和计算数据块同态可验证标签两个过程。

图4.3展示了数据集分组和计算数据块同态可验证标签的时间对比。从图中可以看出，与CPOR对比，PPS-AM的时间与CPOR基本重合，但PPS-AM的时间比CPOR略长。处理1000~100000个数据块，PPS-AM和CPOR之间的时间差为0.01~0.42 s，这是因为在此阶段，PPS-AM需要对外包数据集分组预处理，虽然复杂度不高，但是随着数据集不断增大，分组处理时间也会逐渐增加。

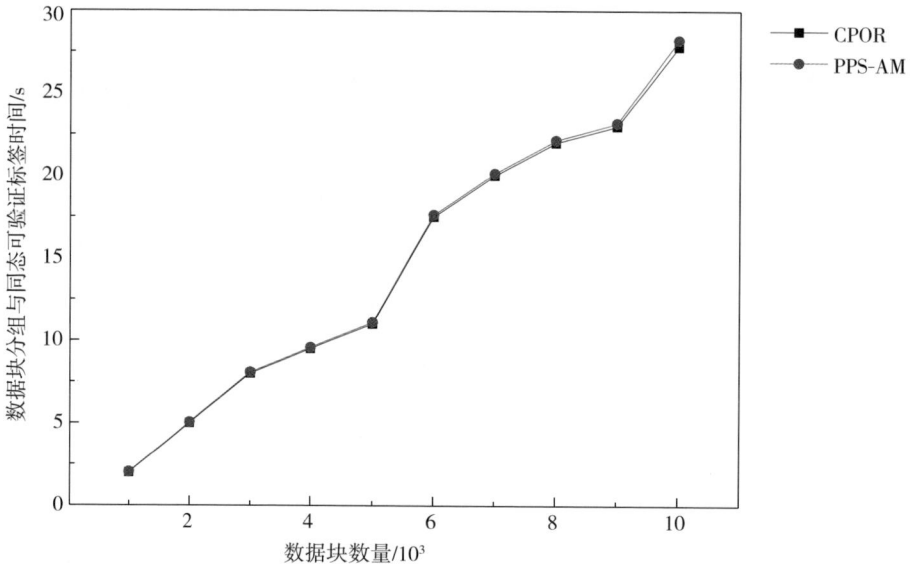

图 4.3 数据分组与同态可验证标签时间对比

4.5.2.2 审计时间

为了评估审计时间，实验选择不同挑战数据块集合验证PPS-AM的审计效率，分别得到抽样时间、生成聚合证据时间和审计时间，具体如图4.4、图4.5和图4.6所示。图4.4是使用随机方法和PPS方法从100万个数据块中抽取100~1000个样本时间的对比。由于PPS是两阶段采样，所以它的时间比随机抽样长。图4.5是PPS-AM与CPOR方案生成聚合证据时间的对比，可以看出PPS-

AM 的时间曲线与 CPOR 相互交织。图 4.6 是 PPS-AM 与 CPOR 时间的对比，它们的时间曲线基本重合，处理 100~1000 个数据块，时间差为 0.001~0.050 s。

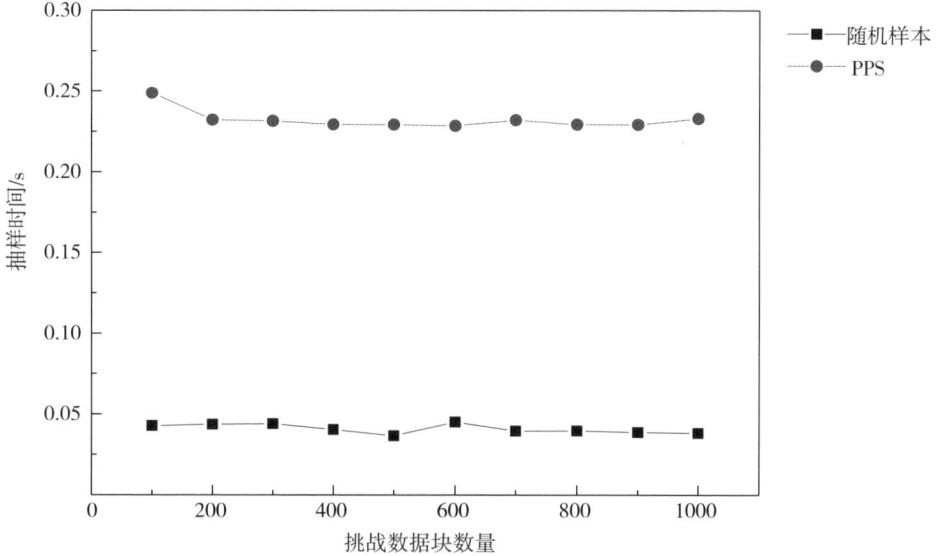

图 4.4　抽取挑战数据块时间对比

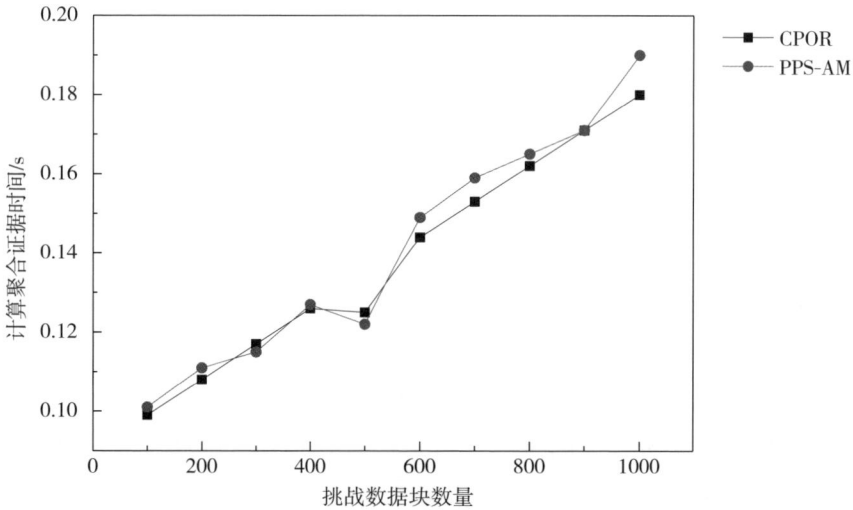

图 4.5　聚合证据时间对比

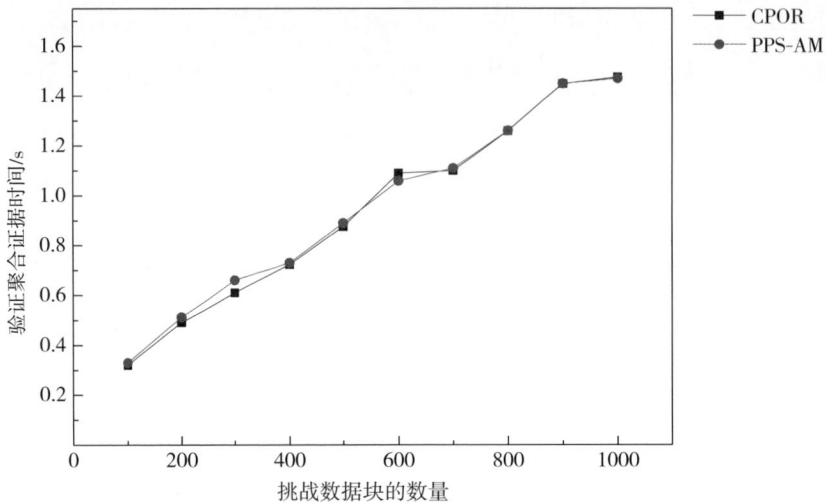

图 4.6　审计时间对比

4.5.2.3　检测 CSP 删除 DO 数据概率

假设 DO 外包到 CSP 的数据集大小为 n，k 为 CSP 删除的数据块数量，c 为挑战数据块的数量，X 为离散随机变量，表示检测出 CSP 删除 DO 数据块的恶意行为所需要的挑战数据块数量。P_X 为挑战数据块 c 中，至少有一个数据块被 CSP 删除的概率，那么可以得到

$$P_X = P(X \geqslant 1) = 1 - \frac{n-k}{n} \cdot \frac{n-1-k}{n-1} \cdot \dots \cdot \frac{n-c+1-k}{n-c+1} \qquad (4\text{-}13)$$

由于 $(n-j-k)/(n-j) \geqslant (n-j-1-k)/(n-j-1)$，所以可以得出结论：$\left\{1 - \left[(n-j-k)/(n-j)^c\right]\right\} \leqslant P_X \leqslant \left\{1 - \left[(n-j-1-k)/(n-j-1)\right]^c\right\}$。

如果 CSP 在 n 个数据块中删除 k 个数据块，那么 P_X 表示挑战 c 个数据块可以检测出 CSP 这种恶意行为的概率。当 k 一定时，TPA 可以通过 c 个数据块的聚合证据以一定概率审计出 CSP 的恶意行为，这个概率与 n 无关。例如，如果 CSP 删除总数为 1% 的数据块，那么 TPA 只需要 300 个挑战数据块就能以 95% 的概率审计出这种恶意行为，或者选择 460 个数据块以 99.9% 的概率得到正确的验证结果[25]。假设 DO 有 1 万个数据块外包到云服务器（$n = 10000$），CSP 随机删除 100 个数据块，也就是外包数据块总数的 1%。

如图 4.7 所示，实验采用 PPS 和随机抽样两种方法抽取挑战数据块 c。图中横坐标是挑战的数据块数量，纵坐标是抽取的数据中至少包含一个 CSP 恶意删除数据块的概率 P_X。在删除数据块数量一定的情况下，随着挑战数据块的增加，概率 P_X 以平缓的速度逐渐增加。当 $c = 100$ 时，随机抽样对应的 P_X 为 59.8%，PPS 为 60.5%；当 $c = 400$ 时，随机抽样对应的 P_X 为 97.6%，PPS 为 98.3%；当 $c = 500$ 时，随机抽样和 PPS 的 P_X 均为 100%。由此可得出结论，即在 CSP 随机删除数据块的情况下，使用 PPS 抽取若干挑战数据块计算得到的 P_X 与随机抽样方法抽取同样多数据块计算得到的 P_X 基本相同。

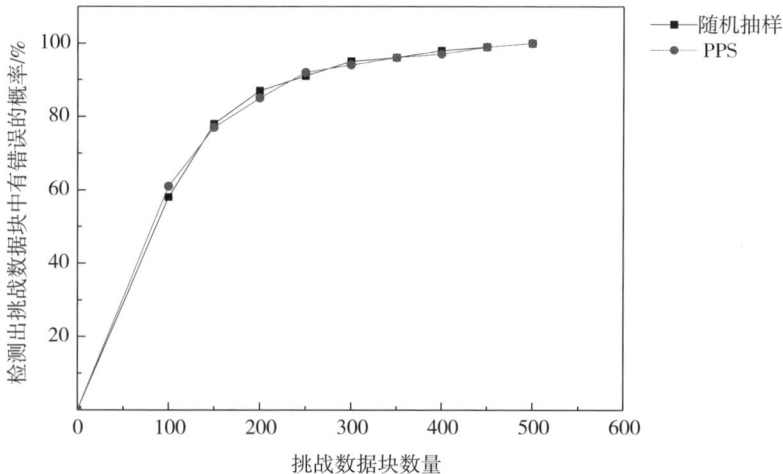

图 4.7　CSP 随机删除数据块，随机抽样与 PPS 检测出错误概率对比

图 4.8 是在 CSP 删除 DO 低频率外包数据块情况下，使用随机抽样与 PPS 方法检测出错误的概率对比。与图 4.7 相比，在这个条件下，PPS 方法检测出错误的概率明显高于随机抽样，尤其在抽取少量数据时，它的优势更为明显。当 $c = 100$ 时，PPS 的 P_X 为 78%，随机抽样对应的 P_X 为 57%；当 $c = 150$ 时，PPS 与随机抽样检测出错误的概率分别为 89% 和 78%；当 $c = 200$ 时，PPS 与随机抽样检测出错误的概率增长到 97% 和 88%，随着挑战数据块的不断增加，两

者检测出错误的概率逐渐接近；当 $c = 350$ 时，PPS检测率达到100%，随机抽样检测出错误的率达到96%；当 $c = 500$ 时，随机抽样的检测概率才达到100%。从图和这些数据中可以看出，在CSP删除DO低访问频率的外包数据块情况下，PPS抽中被恶意删除数据块的概率高于随机抽样方法。

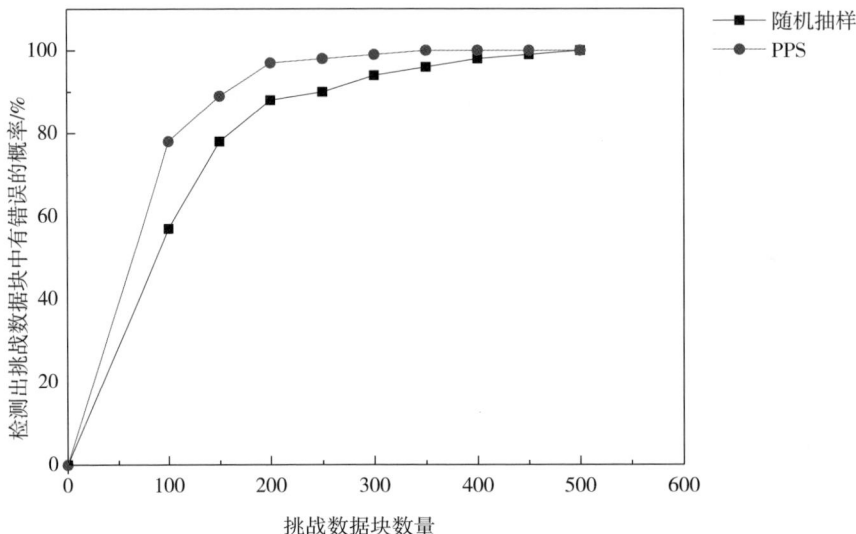

图 4.8　CSP 删除 DO 低访问频率的外包数据块，随机抽样与 PPS 检测出错误概率对比

4.5.2.4　TPA 统计审计结果

TPA统计审计结果，根据审计结果累积CSP信用值并定期公布。假设CSP删除85%的DO低频率使用外包数据，那么CSP的信用度是15%。实验选择200个DO，CSP删除170个DO的低访问频率外包数据，挑战数据块为数量100~1000个，TPA收集这些DO的审计结果。

图4.9是TPA按照不同挑战数据块数量收集的审计分类结果。从图中可以看出，CSP的信用值与错误检测率成反比，并且两者的和为固定值。随着挑战数据块的增加，检测出CSP恶意行为的概率也逐渐增加，而相应的信用值会随之下降。当挑战数据块 $c = 1000$ 时，检测出CSP恶意行为的概率为83.5%，CSP的可信程度为16.5%，接近假设的15%。

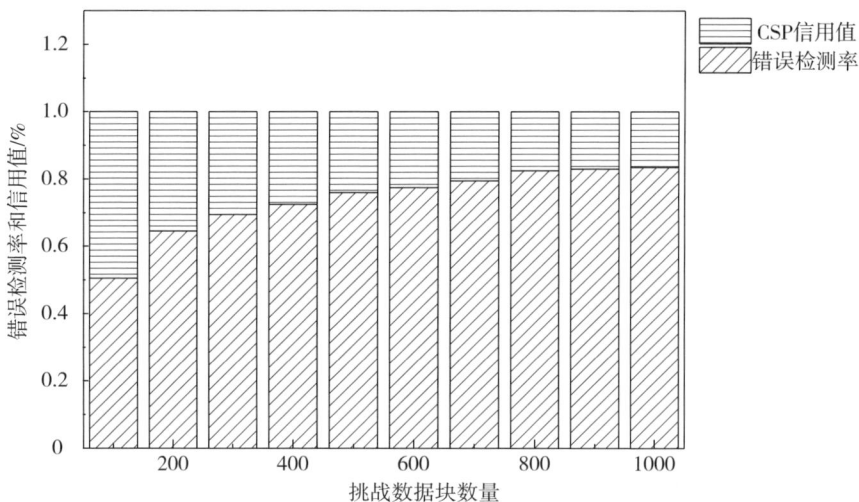

图 4.9　错误检验率和 CSP 信用值

图 4.10 展示了挑战数据块数量一定（$c = 300$）的情况下，CSP 删除不同比例的数据块，TPA 检测出这种恶意行为的概率。从图中可以看出，随着删除数据块比例的增加，检测出 CSP 恶意行为的概率越来越高。当删除数据块的比例为 1%时，检测恶意行为的概率为 99.9%，而删除比例为 0.1%时，概率仅为 45.7%，这说明 CSP 少量删除数据块时，要相应增加挑战数据块数量才能检测出其恶意行为。

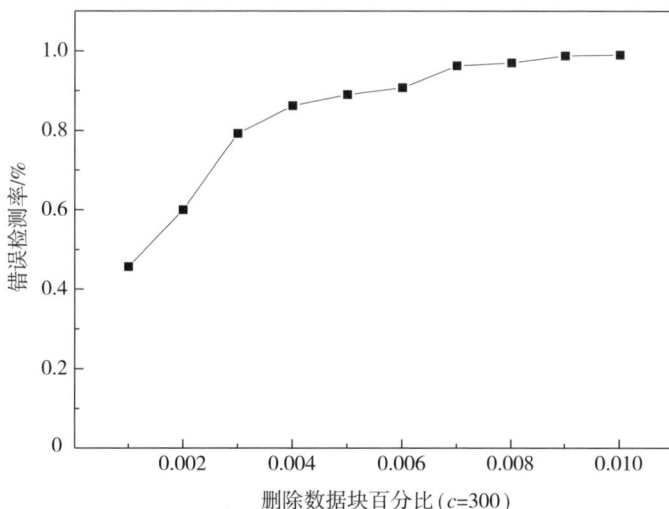

图 4.10　删除不同数量数据块情况下错误检测率

4.6 用例分析

本章用示例说明PPS-AM机制中抽取挑战数据块过程。示例中角色与系统模型相同，Alice表示DO，AWS表示CSP，Charlie表示TPA。

（1）Alice将外包数据M_{Alice}划分为1000个数据块$M_{Alice} = \{m_1, m_2, \cdots, m_{1000}\}$，抽取每个数据块的访问频率和逻辑ID组成数据集$M'_{Alice}$，见表4.2。表中第一列表示最大访问频率为50天，最小访问频率为1天；第二列表示特定访问频率的数据块ID组合，比如访问频率为1天的数据块ID有1，2等。

表 4.2　频率映射示例表

访问频率	数据块 ID
1	1，2，⋯
2	3，6，..
3	4，7，⋯
⋮	⋮
50	17，19，⋯

（2）Alice选择频率间隔5天，根据频率映射示例表中的访问频率生成累积表，具体见表4.3。

表 4.3　累积示例表

分组	频率	累积和	累积范围
1	1~5	15	1~15
2	6~10	55	16~55
3	11~15	120	56~120

表 4.3（续）

分组	频率	累积和	累积范围
4	16~20	210	121~210
5	21~25	325	211~325
6	26~30	465	326~465
7	31~35	630	466~630
8	36~40	820	631~820
9	41~45	1035	821~1035
10	46~50	1275	1036~1275

（3）准备工作完成后，Alice 计算外包数据块的同态可验证标签集合 Φ_{Alice}，计算数据集标识 $\text{tag}_{\text{Alice}}$，并连同外包数据集 M_{Alice} 一起发送给 AWS，随后为 Charlie 授予审计权限 $\text{sig}_{\text{Charlie}}$。

（4）到达审计周期时，Alice 要抽取 460 个数据块，计划在第一抽样阶段抽取 10 组频率范围，在第二抽样阶段以 10 组为样本，每组随机抽取 46 个数据块。在第一抽样阶段，Alice 生成随机基数 $K = 212$，步长 $R = 95$，那么可以得到 10 条数据，分别为{212，307，402，497，592，687，782，877，972，1067}，对应累积示例表的累计范围，并根据累积范围找到对应分组，分别为 5 组、5 组、6 组、7 组、8 组、8 组、9 组、9 组和 10 组。在第二抽样阶段，根据抽中分组对照表 4.2 找到对应的数据块集合，并从每组集合中抽取 46 个数据块，组成最终的挑战数据块 ID 集合。

（5）Alice 将数据块 ID 集合发送给 Charlie，Charlie 收到后，按照 PPS-AM 生成挑战数据集，并推送给 AWS 用于计算聚合证据，最后根据聚合证据完成审计验证。

4.7 本章小结

本章针对 CSP 会随机删除低访问频率数据块的假设，证明采用随机抽样方法抽取挑战数据块不利于抽中低访问频率数据，降低了审计效率；并针对这个问题提出解决方案，设计基于按规模大小成比例概率抽样的远程外包数据审计机制（PPS-AM）。本章首先解释使用 PPS 作为抽取挑战数据块方法的原因；其次，描述 PPS-AM 机制，并介绍构造 PPS 方法的详细算法；再次，设计 CSP 信用模式，该模式鼓励 DO 延长审计周期，以达到减轻审计系统中各方计算压力的目的；最后，安全性分析证明了 PPS-AM 的安全性，理论分析验证了 PPS 算法的高效性，实验结果表明 PPS-AM 在 CSP 恶意删除 DO 低访问频率数据块的假设条件下，确实可以提高外包数据审计效率。

第5章 边云协同网络中基于哈希平衡树的远程外包数据审计机制

针对远程外包数据审计机制中动态数据结构所带来的存储空间利用率低、查询速度慢的问题，本章设计 HBT 以提高存储和查找效率，并提出边云协同网络中特有的动态攻击模型；基于 HBT 和攻击模型，设计边云协同网络中基于 HBT 的远程外包数据审计机制。本章通过安全性分析和性能评估证明了该机制的安全性和高效性。

5.1 引 言

智能设备（如智能手机、平板电脑等）如今是学习、娱乐、社交和办公的重要工具，但是受这些设备的资源限制（处理能力、电池容量、存储空间），用户不能享受高质量的服务。移动云计算发展后，移动设备可以直接访问云服务器，享受如移动医疗、移动监管、移动游戏等服务，但传统云计算的集中式存储管理模式使数据受地址位置影响，满足不了一些应用服务的低延时要求，即使提高网络负载和网络带宽也不能从根源上解决这个问题。为此，有学者提出了边缘计算技术[123-130]。边缘计算技术主要是通过把计算和存储操作从核心的云服务器迁移到边缘服务器以减少延迟，它可利用无线接入网络就近为用户提供所需的 IT 服务和云计算功能，并创造出一个具备高性能、低延迟与高带宽的服务环境，让用户享有不间断的高质量网络体验。具有分布式、低延时、高效率以及智能化特点的边缘计算技术被广泛地应用于生活中，为用户带来了更加优质的体验。

然而，边缘计算技术将数据的存储、计算、应用程序和维护都放到了边缘服务器中，随着边缘设备的不断增加，网络边缘侧所产生的海量数据量会直接影响边缘服务器的存储性能和计算性能。另外，高分布式边缘计算网络的管理也会随着边缘设备、边缘服务器的增加变得更加复杂。为了提供更好的智能应用计算和大数据存储服务，云端与边缘端应该协同计算和存储数据，以提高大数据存储能力、计算能力，提供高质量低延时的数据服务。

边缘计算和云端协同（边云协同）存储具有很多优势，但是它也会面临一些安全挑战[33, 131-135]，数据存储安全就是最主要的挑战之一。边缘服务器与云服务器都会蓄意删除、破坏DO外包数据的完整性。审计机制可以解决这类安全问题，但在传统的公共审计模型中，只需要三个实体便可以模拟审计过程，而边云协同环境下的公共审计，需要额外增加一个边缘服务器实体才能构建审计模型，所以普通的审计协议不适用于边云协同环境。本章根据边云协同计算网络特点，提出一个适用于边云协同网络环境的高效率新型公共审计机制。该机制通过定义的新动态数据结构——HBT提高存储效率和查找速度，实现高效率审计；该机制可以抵抗重放攻击、伪造攻击和替代攻击，以及动态审计时所发生的入侵攻击。本章的贡献具体如下。

（1）针对边云协同网络环境下低延迟应用服务要求以及经典动态数据结构所引发的低效率审计问题，本章基于AVL数据结构设计出新型动态数据结构HBT。该数据结构中的所有结点均存储数据块哈希值和结点动态序号，与MHT相比，HBT具有高度低和查找结点速度快的特点。同时，本章为HBT中的结点设计动态序号组成方式和比较大小的方法，减少动态过程中需要更改动态序号的结点数量以及调整HBT的平衡次数。

（2）针对边云协同网络环境特点，提出动态更新过程中外部攻击者可以操控边缘服务器损坏DO外包数据的新型安全威胁。

（3）基于数据结构HBT与边云协同网络环境下的安全威胁，本章提出边云协同网络中基于HBT的远程外包数据审计机制（remote outsourcing data auditing mechanism based on Hash balance tree in edge cloud collaboration network，HBT-AM），该机制同时也使用 BLS 标签和双线性对技术对外包数据块的安全性和隐私性给予保证，并支持动态审计和批量审计。

（4）安全性分析证明 HBT-AM 可以正确地审计外包数据，抵抗常见的审计攻击和本章所提新型攻击；理论分析和实验结果表明，HBT-AM 具有较低的通信量和计算量，能够提高审计效率。

5.2　问题阐述

本节主要介绍 HBT-AM 的系统模型、威胁模型和设计目标。

5.2.1　系统模型

如图 5.1 所示，HBT-AM 系统模型包含四个实体：DO、CSP、TPA 和边缘服务器（edge server，ES）。每个实体的具体描述如下。

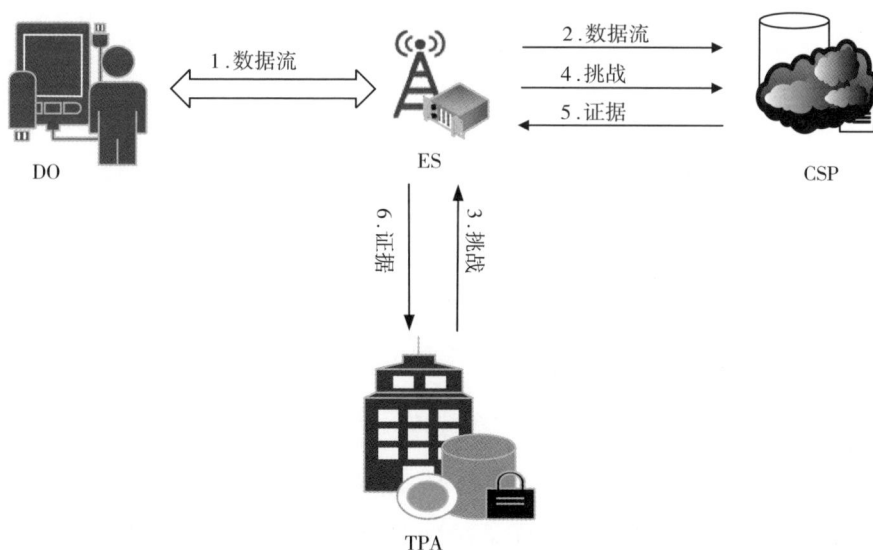

图 5.1　HBT-AM 系统模型

（1）DO。配备传感器。对于实时性要求比较高的实体。如车载网中的车辆。DO存储空间有限，同时对数据具有低延迟响应的要求。

（2）CSP。有海量存储空间和计算能力的实体。为保证低延时应用服务质量，CSP允许一部分常用数据存储在边缘服务器上。

（3）TPA。被DO信任且授予审计外包数据权限的实体。与DO相比，它具有一定的计算资源和存储能力。

（4）ES。边云协同网络中隶属于CSP的一个存储计算实体。它比CSP更加靠近DO，并缓存DO经常使用的数据以为低延时服务提供支持。为了减轻CSP计算压力，它还负责计算一部分聚合证据。

在HBT-AM中，DO把数据集划分为若干个数据块，组成外包数据集合，计算每个数据块的同态可验证标签，随后把将外包数据集合和同态可验证标签集合发送给ES，ES收到后验证数据来源是否合法，如果合法，它保存同态可验证标签集合和使用频率高的外包数据块后，将完整的外包数据集发送给CSP。审计时，TPA向ES发送挑战数据，ES根据缓存的外包数据块和对应的同态可验证标签生成一部分聚合证据，再把剩余部分的挑战信息发送给CSP。CSP按照这部分挑战信息计算聚合证据并发送给ES，ES收到后融合所有的聚合证据，发送给TPA。TPA审计收到的聚合证据，并将审计结果告知DO。

5.2.2　威胁模型

在HBT-AM中，假设TPA和CSP是"半诚实"实体，ES是"半诚实"且容易被敌手控制的实体。TPA是"半诚实"实体，意味着它能够合法审计DO的外包数据，同时对DO的数据感到好奇。它会对感兴趣数据发起若干次挑战，试图通过计算聚合证据得到这些数据。CSP是"半诚实"实体，说明它在破坏DO的外包数据后，为了通过TPA对所破坏数据块的审计，会发常见的审计攻击。ES是"半诚实"且容易被操控的实体，意味如下两种情况：其一，它被敌手控制后，向CSP发送错误的动态请求，破坏DO外包数据块；其二，ES破坏DO数据后，为了通过TPA的审计，也会发起伪造、重放、替代攻击。

5.2.3　设计目标

根据上述威胁模型，HBT-AM 的设计目标如下：

（1）公共审计。允许任何被 DO 信任的、有一定计算能力的实体，在没有数据副本的情况下，审计 DO 的外包数据。

（2）动态操作。支持 DO 对外包数据块的插入、删除、修改操作，并保证动态处理后的外包数据块被正确地储存在 CSP 中。

（3）存储安全。DO 的外包数据块被 CSP 或 ES 恶意破坏后，它们不能根据这些被破坏的数据块生成合法的聚合证据。

（4）数据隐私性。不能通过计算相同数据块的多个聚合证据得到这些数据块内容，泄露 DO 的外包数据信息。

（5）错误的动态请求不可响应。在动态操作过程中，当 ES 被敌手操控向 CSP 发送恶意信息时，CSP 可以检测到并且不给予响应。

5.3　哈希平衡树

本节介绍 HBT 的结构、结点动态序号组成方法，以及动态操作下 HBT 的动态平衡过程。

5.3.1　哈希平衡树结构

为保证在动态操作后，新的外包数据块被正确地存储在云存储服务器中，审计机制必须引入动态数据结构。目前，许多审计机制基于 MHT 设计数据结构。然而，MHT 使用叶子结点存储外包数据块哈希值，父结点存储左右子结点的哈希值。当插入数据块时，MHT 把目标叶子结点变为内部结点，添加新的叶子结点，并更新辅助路径中所涉及结点的哈希值，由于 MHT 左右子树不平衡，频繁地插入操作会使 HMT 高度不断增加，使得左右子树高度相差越来越大，所以 MHT 浪费存储空间，并降低动态审计效率。本书提出一种侧重于提高审计效率的数据结构 HBT。

如图 5.2 所示，HBT 结点包含三个部分，分别是动态序号、数据块哈希值和指向结点左右孩子的指针。动态序号 X_{num} 是 TPA 赋予外包数据块的序号，可动态调整 HBT 的平衡度；数据块哈希值 $H(m_i)$ 是 DO 根据外包数据块生成的哈希值。另外，TPA 还保存数据块的逻辑序号 i 与 X_{num} 的对应关系，其中逻辑序号 i 是 DO 按照存储顺序赋予外包数据块的序号。

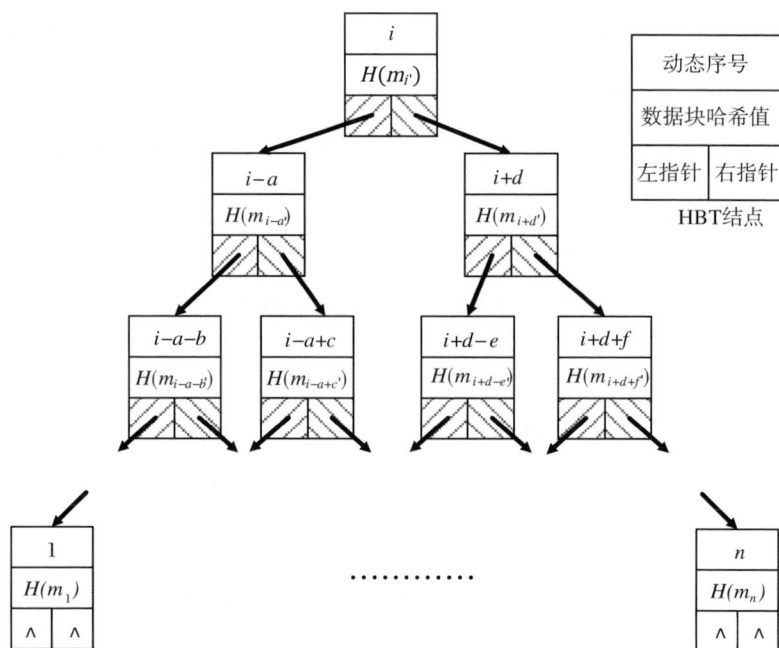

图 5.2　哈希平衡树

TPA 收到 DO 发送的 $\{i, H(m_i)\}$ 后，按照平衡树的要求生成 HBT，HBT所有结点均存储数据块哈希值，结点动态序号与逻辑序号相同。与 MHT 相比，HBT 能够降低树的高度，提高存储空间利用率。当查找结点时，HBT根据逻辑序号与动态序号的对应关系检索对应动态序号，并根据该动态序号找到 HBT 中的目标结点，与 MHT 相比，其查找速度更快。在动态操作过程中，HBT 不需要更新辅助路径结点的哈希值，与 MHT 相比，其动态操作效率高。但在平衡树中，插入和删除操作会更改结点标号，这需要更新多个结点的序号并多次调整 HBT 的平衡度，严重影响动态操作效率，所以引入动态序号方法，减少插入和删除过程中需要调整序号的结点数量和平衡次数。

5.3.2　哈希平衡树结点动态序号

HBT 结点动态序号由前缀和后缀组成，前缀为自然数，后缀为实数，例如动态序号 i，它的前缀是 i，后缀是一个大数，其中大数可以省略，表示为 i。假设 HBT 中若干结点的动态序号表示为 $(1, 2, 3, \cdots, k, i\_N_1, i\_N_2, \cdots, i\_N, i, j, \cdots, n)$，其中 $k, i\_N_1, i\_N_2, \cdots, i\_N, i, j$ 按照顺序排列 $(k < i\_N_1 < i\_N_2 < \cdots < i\_N < i < j)$，那么 HBT 定义如下规则：

定义 5.1（不同根不相同结点）　动态序号类似于 k, i_N, j 的一组结点，其前缀不相同，称为不同根不相同结点。

定义 5.2（同根不相同结点）　动态序号类似于 i_N_1, i_N_2, i_N 的一组结点，其前缀为 i，称之根为 i 的同根不相同结点。

定义 5.3（哈希平衡树动态调整方案）　动态调整方案分为以下四点：

（1）不同根不相同结点之间按照序号前缀比较结点大小；同根不相同结点之间按照序号后缀比较结点大小。

（2）当在不同根不相同结点之间插入新的结点时，选择一个比较大的整数 L 作为后缀，新结点的序号前缀与较大不同根不相同结点的前缀相同。

（3）当在同根不相同结点之间插入新的结点时，新结点序号的前缀与两个结点前缀相同，后缀是两个结点后缀均值。

（4）在 HBT 结点 A1 与后缀可省略的结点 A2 之间插入新的结点时，新结点的序号前缀与较大不同根不相同结点的前缀相同。后缀分两种情况：当 A1 > A2 时，后缀为 A1 结点后缀的 1/2；当 A1 < A2 时，后缀为 A1 后缀与 2L 的均值。

以外包数据块的序号$(1, 2, 3, \cdots, k, i\_N_1, i\_N_2, i\_N, i, j, \cdots, n)$为例说明插入、删除和修改三种情况。

（1）插入操作。

①当i和j之间插入一个新的结点时，根据定义5.3的（2）可知，新结点的动态序号为j_L，L为HBT-AM选择的一个足够大的数，那么动态序列号可变为$(1, 2, 3, \cdots, k, i, j\_L, j, \cdots, n)$，其中$i < j\_L < j$。

②当i和j_L之间插入一个新的结点时，根据定义5.3的（4）可得知，新结点的动态序号为j_L_1，其中$L_1 = (0 + L)/2$，那么动态序列号可变为$(1, 2, 3, \cdots, k, i, j\_L_1, j\_L, j, \cdots, n)$，这里$i < j\_L_1 < j\_L$。

③当j_L和j之间插入一个新的结点时，根据定义5.3的（4）可得知，新结点的动态序号为j_L_2，其中$L_2 = (L + 2L)/2$，那么动态序列号可变为$(1, 2, 3, \cdots, k, i, j\_L_1, j\_L, j\_L_2, j, \cdots, n)$，这里$j\_L < j\_L_2 < j$。

④当j_L_1和j_L之间插入一个新的结点时，根据定义5.3的（3）可得知，新结点的动态序号为j_L_3，其中$L_3 = (L_1 + L)/2$，那么动态序列号可变为$(1, 2, 3, \cdots, k, i, j\_L_1, j\_L_3, j\_L, j\_L_2, j, \cdots, n)$，这里$j\_L_1 < j\_L_3 < j\_L$。

⑤当j_L和j_L_2之间插入一个新的结点时，根据定义5.3的（3）可得知，新结点的动态序号为j_L_4，其中$L_4 = (L + L_2)/2$，那么动态序列号可变为$(1, 2, 3, \cdots, k, i, j\_L_1, j\_L_3, j\_L, j\_L_4, j\_L_2, j, \cdots, n)$，这里$j\_L < j\_L_4 < j\_L_2$。

插入后的动态序号排序如图5.3所示。

$$1 \quad i \quad j\_\lfloor L/2 \rfloor \quad j\_\lfloor 3L/4 \rfloor \quad j\_L \quad j\_\lfloor 5L/4 \rfloor \quad j\_\lfloor 3L/2 \rfloor \quad j \qquad n$$

图 5.3 数据块动态序号顺序删除操作

对于删除操作，结点需要调整HBT的平衡度，不需要调整结点的动态序号，所以根据上述所描述的结点大小比较规则调整HBT的平衡度即可。

（2）修改操作。对于修改操作，仅需要修改结点哈希值，不修改结点动态序号，所以只需要找到相应的结点修改结点的哈希值即可，HBT不作任何调整。

为了清楚地描述HBT插入过程，假设有8个数据块组成HBT树，L取值500，如图5.4（a）所示，结点动态序列号为（1，2，3，4，5，6，7，8）。按照上述所描述的5种情况，依次插入结点。图5.4（b）描述的是第一种情况，在4号结点和5号结点之间插入一个新的结点，动态序号取为5_500，插入后动态序列号可调整为（1，2，3，4，5_500，5，6，7，8）；图5.4（c）描述的是第二种情况，在5_500号结点和5号结点之间插入一个新的结点，动态序号取为5_750，插入后动态序列号可调整为（1，2，3，4，5_500，5_750，5，6，7，8）；图5.4（d）描述的是第三种情况，在4号结点和5_500号结点之间插入一个新的结点，动态序号取为5_250，插入后动态序列号可调整为（1，2，3，4，5_250，5_500，5_750，5，6，7，8）；图5.4（e）描述的是第四种情况，在5_250号结点和5_500号结点之间插入一个新的结点，动态序号取为5_375，插入后动态序列号可调整为（1，2，3，4，5_250，5_375，5_500，5_750，5，6，7，8）；图5.4（f）描述的是第五种情况，在5_500号结点和5_750号结点之间插入一个新的结点，动态序号取为5_625，插入后动态序列号可调整为（1，2，3，4，5_250，5_375，5_500，5_625，5_750，5，6，7，8）。

（3）删除操作。删除操作如图5.4（g）所示，图中删除5号结点，删除后动态序列号可调整为（1，2，3，4，5_250，5_375，5_500，5_625，5_750，6，7，8），删除其他结点操作类似。

修改操作不需要调整结点序列，所以没有给出示意图。

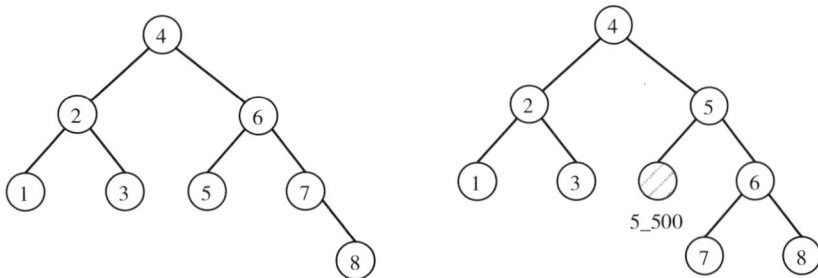

（a）8个结点的HBT　　　　　　　（b）插入5_500

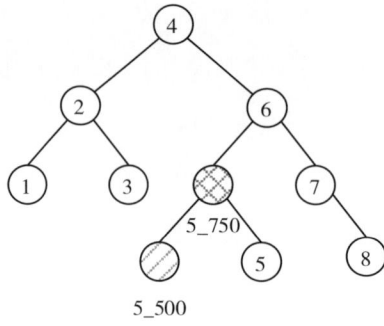

（c）插入结点 5_750

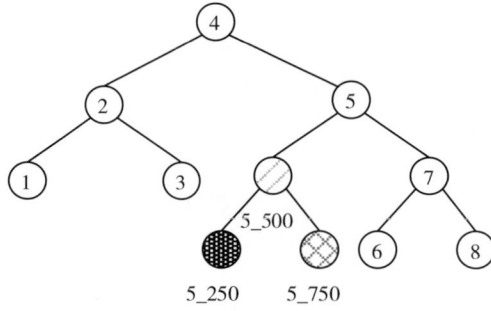

（d）插入结点 5_250

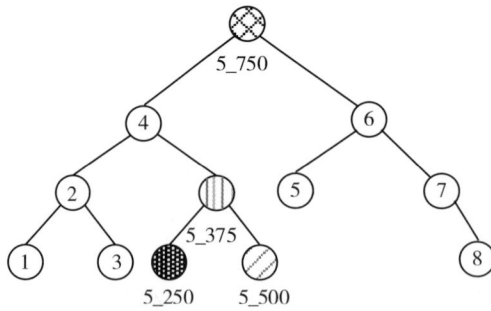

（e）插入结点 5_375

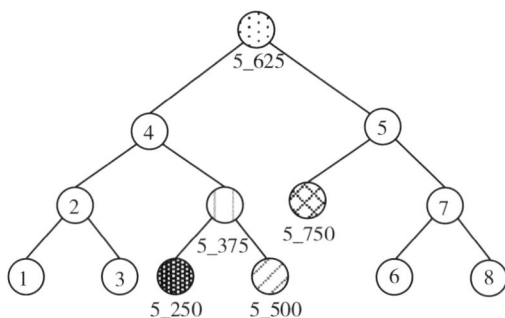

（f）插入结 5_625

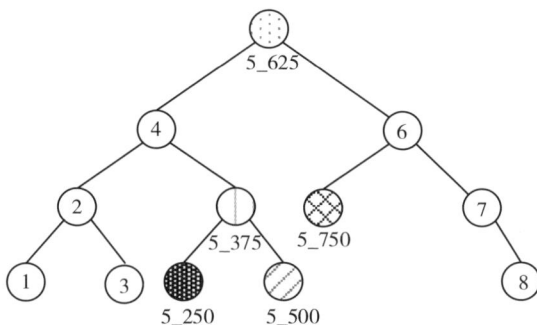

（g）删除结点 5

图 5.4　HBT 插入和删除操作

5.4　HBT-AM：基于哈希平衡树的远程外包数据审计机制

本节基于 HBT 详细描述 HBT-AM 机制。

5.4.1　基本框架

图 5.5 是 HBT-AM 的框架，算法可以分为两部分。第一部分属于设置，主要完成准备工作。第二部分属于审计，主要完成证据聚合和审计两方面工作。5.3 节描述了详细过程。

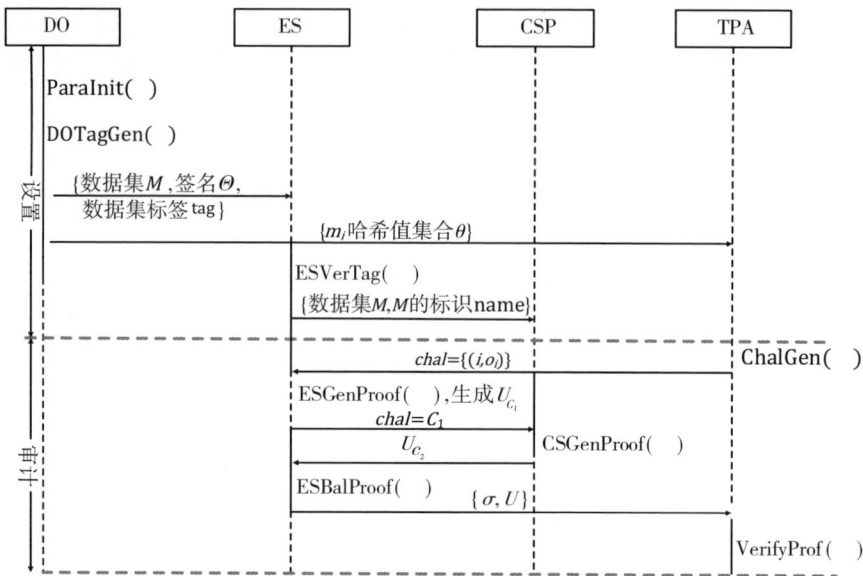

图 5.5　HBT-AM 流程

5.4.2　HBT-AM 详述

HBT-AM 包含 8 个算法，分别为 ParaInit、DOTagGen、ESVerTag、Chal-Gen、ESGenProof、CSGenProof、ESBalProof 和 VerifyProf，具体描述如下。

5.4.2.1　设置部分

（1）ParaInit(1^k)。算法由 DO 执行，主要功能初始化参数。DO 的私钥为 $sk = \{\alpha, ssk\}$，公钥为 $pk = \{g, v, \varepsilon, spk\}$，其中 $\{ssk, spk\}$ 是 DO 随机选择的一个密钥对；$\alpha \in \mathbf{Z}_p$ 是 DO 选择的随机数，g 和 u 是群 G_1 上的随机元素，$v = g^\alpha$ 是 G_1 上的元素。

（2）DOTagGen(M, sk)。算法由 DO 执行，主要功能计算数据块的同态可验证标签。DO 的外包数据集为 $M = \{m_i\}_{i \in [1, n]}$，DO 按照式（5-1）为每个 m_i 生成同态可验证标签：

$$\sigma_i = (H(m_i) \cdot u^{m_i})^\alpha \tag{5-1}$$

— 120 —

那么同态可验证标签集合 $\Phi = \{\sigma_i\}_{1 \leq i \leq n}$，数据块哈希值集合 $\theta = \{H(m_i)\}_{1 \leq i \leq n}$。计算 M 标签 $tag = name\|n\|u\|sig_{ssk}(name\|n\|u)$。DO 向 ES 发送 $\{M, \Phi, tag\}$，同时将 θ 发送给 TPA。ES 和 TPA 收到相关数据后，DO 本地删除 $\{M, \Phi, \theta\}$。

（3）ESVerTag(M, Φ, tag)。算法由 ES 执行，主要功能是验证 M 的标签以确认 DO 身份。当 ES 收到数据 $\{M, \Phi, tag\}$ 时，使用 DO 公钥 spk 验证 M 标签。如果验证失败，ES 要求 DO 重新发送外包数据集；反之，ES 存储标签集合 Φ，并把 M 和其唯一标识 name 发送给 CSP。

5.4.2.2　审计部分

（1）ChalGen(θ)。算法由 TPA 执行，主要功能是生成挑战数据集。到达审计时间，TPA 检查 HBT 是否构建成功，如果没有成功，TPA 使用 θ 重新再构建 HBT。TPA 从外包数据顺序号集合中选择 c 个数据块，生成集合 $I = \{S_1, S_2, \cdots, S_c\}_{1 \leq c \leq n}$。TPA 为集合 I 中的每个元素再挑选 c 个随机数 o_i，与 I 共同组成挑战数据集合 $chal = \{(i, o_i)_{i \in I}\}$，并将其发送给 ES。

（2）ESGenProof($chal, \theta, M$)。算法由 ES 执行，主要功能是 ES 生成部分聚合证据。ES 收到 TPA 的挑战信息后，将挑战数据集划分为两个子集 $chal = \{C_1, C_2\}$，其中 C_1 表示挑战集合中已经缓存在 ES 里的挑战数据块集合；C_2 表示没有缓存在 ES 中的挑战数据块集合，也就是 CSP 要处理的挑战子集。ES 向 CSP 发送 C_2，并根据 $chal$ 生成标签证据 σ，根据子集 C_1 生成数据证据：

$$\sigma = \prod_{i \in chal} \sigma_i^{o_i} \tag{5-2}$$

$$U_{C_1} = \sum_{i \in C_1} m_i \cdot o_i \tag{5-3}$$

（3）CSGenProof(C_2, M)。算法由 CSP 生成，主要功能是计算挑战数据的数据证据。CSP 收到 C_2 后按照如下公式计算数据证据：

$$U_{C_2} = \sum_{i \in C_2} m_i \cdot o_i \tag{5-4}$$

并向 ES 发送数据证据 U_{C_2}。

（4）ESBalProof(U_{C_1}, U_{C_2})。算法由 ES 执行，主要功能是合并数据证据。ES 计算随机数证据 $Rand = w^l = (u^\alpha)^l$，其中 $l \in \mathbf{Z}_p$ 是 ES 选择的随机数，ES 收到 CSP 的数据证据 U_{C_2} 后，合并 U_{C_1} 和 U_{C_2} 得到

$$U = U_{C_1} + U_{C_2} + l \cdot h(Rand) \tag{5-5}$$

（5）VerifyProf(θ, U)。算法由 TPA 执行，主要功能是验证最终的聚合证据。TPA 收到 ES 发送的聚合证据 $\{\theta, U\}$ 后，从 HBT 树中找到挑战数据块顺序号对应的哈希值 $\{H(m_i)\}_{i \in chal}$，计算 $\prod_{i \in chal} H(m_i)^{o_i}$，利用双线性对性质审计按照式（5-6）审计挑战数据块：

$$e(\sigma \cdot Rand^{h(Rand)}, g) \overset{?}{=} e\left(\prod_{i \in chal} H(m_i)^{o_i} \cdot u^U, v\right) \tag{5-6}$$

如果式（5-6）左右两边相等，TPA 输出 TRUE 表示审计成功；反之，TPA 输出 FALSE。

5.4.3 动态审计

HBT-AM 支持外包数据块的动态更新。由于 ES 服务器容易被敌手操控，所以 HBT-AM 在支持动态操作的同时，还要识别这种恶意行为。假设 DO 完成初始化算法，TPA 收到 DO 发送的集合 θ 后构建 HBT，具体的动态更新过程如下。

5.4.3.1 数据块修改

假设 DO 把第 i 个数据块 m_i 修改为 m_i'。修改过程如图 5.6 所示，DO 生成字符串 $\gamma = M_o\|i\|N$，其中 M_o 表示修改操作，$N \in \mathbf{Z}_p$ 是一个随机数。DO 根据 γ 计算 $H(m_i'\|h(\gamma))$，并生成 m_i' 的同态可验证标签 $\sigma_i' = (H(m_i'\|h(\gamma)) \cdot u^{m_i'\|h(\gamma)})^\alpha$。DO 向 TPA 发送 $\{M_o,\ i,\ H(m_i'\|h(\gamma))\}$，同时向 ES 发送 γ。TPA 收到数据后根据逻辑序号 i 检索本地 HBT 找到对应结点，使用 $H(m_i'\|h(\gamma))$ 替换结点的 $H(m_i)$。ES 收到来自 DO 的数据后，向 DO 发送 $\{m_i,\ \sigma_i\}$，DO 根据 i 搜索 HBT 得到数据块 m_i 的哈希值 $H(m_i)$，并计算 $\sigma_i' = (H(m_i) \cdot u^{m_i})^\alpha$，通过验证 σ_i 是否与 σ_i' 相等判断 ES 是否存储最新版本的 m_i，如果验证通过，DO 向 ES 发送 $\{m_i',\ \sigma_i'\}$，ES 收到后更新 σ_i 并向 CSP 发送 $\{\gamma,\ m_i',\ \sigma_i'\}$，CSP 使用式（5-7）验证更新数据块：

$$e(\sigma_i',\ g) \overset{?}{=\!=} e(H(m_i'\|h(\gamma)) \cdot u^{m_i'\|h(\gamma)},\ v) \tag{5-7}$$

如果等式相等，CSP 令 $m_i' = m_i'\|h(\gamma)$，使用 m_i' 替换 m_i；反之，CSP 拒绝修改操作。

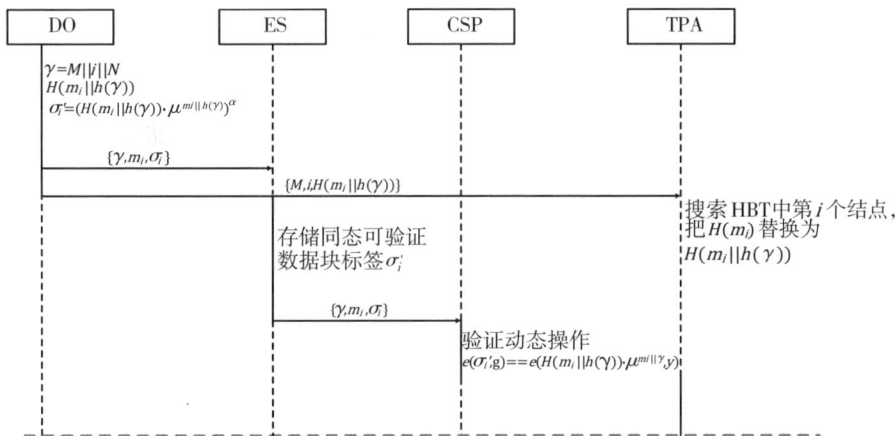

图 5.6 HBT-AM 动态审计流程

5.4.3.2 数据块删除

假设 DO 需要删除第 i 个数据块 m_i。DO 生成字符串 $\gamma = D\|i\|N$，其中 D 表示修改操作，$N \in \mathbf{Z}_p$ 是一个随机数。DO 根据 γ 计算 $H(\gamma)$，生成删除操作标签

$\sigma_D = (H(\gamma))^\alpha$。DO 向 TPA 发送 $\{D, i, H(\gamma)\}$，同时向 ES 发送 $\{\gamma, i, \sigma_D\}$。TPA 收到 $\{D, i, H(\gamma)\}$ 后，根据逻辑序号 i 检索本地 HBT，找到对应的结点并删除该结点，并按照平衡树的要求调整 HBT。ES 收到来自 DO 的数据后，删除对应结点的标签 σ_i，并把数据 $\{D, i, H(\gamma)\}$ 再发送给 CSP，CSP 使用式（5-8）验证更新数据块：

$$e(\sigma_D, g) \overset{?}{=} e(H(\gamma), v) \tag{5-8}$$

如果等式相等，CSP 删除数据块 m_i；反之 CSP 拒绝删除操作。

5.4.3.3 数据块插入

假设 DO 需要把数据块 m_x 插入数据块 m_i 和 m_{i+1} 之间。DO 生成字符串 $\gamma = I\|i\|y\|N$，其中 I 表示修改操作，y 表示数据块的插入标号，$N \in \mathbf{Z}_p$ 是一个随机数。DO 根据 γ 计算 $H(m_x\|h(\gamma))$，生成 m_x 的标签 $\sigma_x = (H(m_x\|h(\gamma)) \cdot u^{m_x\|h(\gamma)})^\alpha$。DO 向 TPA 发送 $\{I, i, y, H(m_x\|h(\gamma))\}$，同时向 ES 发送 $\{\gamma, m_x, \sigma_x\}$。TPA 收到数据后，生成一个新的结点 no_x，使用 $\{y, H(m_x\|h(\gamma))\}$ 初始化该结点。TPA 根据逻辑序号 i 检索本地 HBT，找到结点 no_i，把 no_x 插入 no_i 之后按照平衡树的要求调整 HBT。ES 在收到来自 DO 的数据后，本地存储 σ_x，并发送 $\{\gamma, m_x, \sigma_x\}$ 给 CSP，CSP 使用式（5-9）验证并更新数据块：

$$e(\sigma_x, g) \overset{?}{=} e(H(m_x\|h(\gamma)) \cdot u^{m_x\|h(\gamma)}, v) \tag{5-9}$$

如果等式相等，CSP 令 $m_x = m_x\|h(\gamma)$，将 m_x 插入 m_i 之后；反之，拒绝。

5.4.4 批量审计

假设有 k 个不同的 DO 同时向 TPA 发起审计请求，其中 $k \in [1, 2, \cdots, K]$，TPA 将挑战发送给 ES。ES 接收到 TPA 的挑战后，将挑战划分为两个挑战子集

$chal = \{C_1,\ C_2\}$，根据 $chal$ 计算标签证据 $\Theta_k = \prod\limits_{i \in chal} \sigma_{k,\ o_i}$，根据挑战子集 C_1 计算

数据证据 $U_{C_1}^k = \sum\limits_{i \in C_1} o_i \cdot m_{k,\ i}$ $\xi_k = \prod\limits_{i \in I} H(v_{k,\ i})^{r_i}$。CSP 根据挑战子集 C_2 计算数据证据

$U_{C_2}^k = \sum\limits_{i \in C_2} o_i \cdot m_{k,\ i}$。ES 在获得 $U_{C_2}^k$ 后，合并两个数据证据，得到最终数据证据 $U_C^k =$

$U_{C_1}^k + U_{C_2}^k + l_k \cdot h(Rand_k)$，计算随机数证据 $Rand_k = (u_k^{\alpha_k})^{l_k}$，生成聚合证据 $P_k =$

$\{\Theta_k,\ U_C^k,\ Rand_k\}$。ES 把证据 P_k 返回给 TPA，TPA 使用式（5-10）验证证据：

$$e\left(\prod_{k=1}^K (\sigma_k) \cdot Rand_k^{h(Rand_k)},\ g\right) \overset{?}{=} e\left(\prod_{k=1}^K \left(H(m_{i,\ k})^{\sum\limits_{i \in chal} o_i} \cdot u_k^{U_C^k}\right),\ \prod_{k=1}^K v_k\right) \quad (5\text{-}10)$$

如果等式相等，说明所有 DO 的挑战数据块都正确完整地存储在服务器中；反之，说明至少有一个 DO 的挑战数据块出现了问题。

5.5　安全性与正确性分析

本节对 HBT-AM 的安全性和正确性进行分析和证明。

5.5.1　安全模型

根据 5.2.2 小节中所描述的威胁模型可知，在 HBT-AM 中，CSP 和 ES 都是"半诚实"实体，所以针 HBT-AM 的安全要求，给出如下的安全模型，用于分析 HBT-AM 的安全性。

（1）聚合证据不可伪造。在审计过程中，ES 或者 CSP 通过伪造合法的聚合证据通过完整性审计是不可行的。

在 HBT-AM 中，ES 和 CSP 均可以发起聚合证据不可伪造攻击。当 ES 或 CSP 存储的外包数据块被删除时，它们能够伪造聚合证据 $P' = \{\sigma',\ U'\}$，其中有三种方式可以伪造证据 U，分别为 $U' = U_{C_1}' + U_{C_2}'$，$U' = U_{C_1} + U_{C_2}'$ 和 $U' = U_{C_1}' + U_{C_2}$，无论是哪种伪造方式，最终都要汇总到 ES 并发送给第三方审计者。假设

存在一个挑战者C和概率多项式敌手A，如果敌手A能以可忽略的概率伪造聚合证据并通过审计，那么该机制下聚合证据是不可伪造的。

具体的聚合证据不可伪造安全模型可以参照3.4.1小节。

（2）错误的动态请求不可响应。在动态审计过程中，CSP不响应被劫持的恶意动态请求。

假设存在一个挑战者C和概率多项式敌手A，如果敌手A发起错误的动态请求攻击，并能以可忽略的概率生成合法的动态请求并完成动态审计，那么该机制具有错误的动态请求不可响应性。

①初始化。构造挑战者C与敌手A之间的错误动态请求不可响应游戏，挑战者C构造算法B_A，为敌手A拟出HBT-AM的动态审计环境，敌手A可以向B_A问询，B_A根据问询结果执行动态审计流程。这里B_A为验证者，敌手A为证明者。

②问询。有H-预言机、H2-预言机和动态标签-预言机。敌手A可以向H2-预言机问询关于动态更新数据块m_i和$h(\gamma)$的哈希值$H(m_i\|h(\gamma))$，其中$\gamma = \text{op}\|i\|N$，op表示动态操作类型，对于不在H2列表中的$h(\gamma)$可以请求H-预言机，其请求结果组成的集合表示为T_1，$\{(m_i, \text{op}\|i\|N, h(\gamma), H(m_i\|h(\gamma)))\} \in T_1$。对于动态请求中的数据可验证标签，敌手A则可以向动态标签-预言机请求，其请求结果组成的集合表示为T_2，$\{(m_i, \text{op}\|i\|N, \sigma_i)\} \in T_2$。

③输出。如果敌手A根据集合T_1和T_2将不合法的动态请求修改为一个合法的动态请求$R' = (m_i', \text{op}'\|i\|N, \sigma_i^*)$，其对应的$(m_i', \text{op}'\|i\|N) \notin T_2.(m_i, \text{op}\|i\|N)$，并且$B_A$可以使用$R'$完成动态审计，那么敌手A赢得游戏。

5.5.2 安全性分析

定理5.1 在计算性CDH难题下，HBT-AM可以抵抗伪造聚合证据攻击。

在随机预言机模型下，证明定理5.1的正确性，其证明过程与定理4.1的证明过程类似，只是在ES和CSP分别生成聚合证据过程中，由ES汇总后发送给第三方审计者，这里可以把 ES 和 CSP 模拟为敌手 A，无论是 ES 还是 CSP 伪造聚合证据，都可以视为敌手 A 的行为。剩下部分与定理4.1相同，因此此处省略了相应的证明过程。

定理5.2　在计算性CDH难题下，HBT-AM 可以抵抗错误动态请求攻击。

证明：对于某些外包数据块来说，如果敌手 A 能够以不可忽略的概率 ε_4 成功地使用修改后的动态请求更新外包数据块，那么 B_A 就能够利用敌手 A 以不可忽略的概率解决CDH困难问题。

假设给定 $\alpha \in \mathbf{Z}_p$，$\beta \in \mathbf{Z}_p$，g 为群 G 的生成元，α 为 DO 的私钥，g^α 为 DO 的公钥。令 $u = g^\theta (\theta \in \mathbf{Z}_p)$ 为 B_A 选择的随机值，B_A 的输入值为 g^α，g^β，那么 B_A 能够以不可忽略的概率解决CDH难题，输出 $g^{\alpha\beta}$。

（1）H-预言机。敌手 A 向 B_A 询问关于数据块 m_i 的更新数字符串 $\gamma = op \| i \| N$ 的哈希值 $h(\gamma)$，其中 op 表示动态操作类型：

①如果 m_i 和 γ 都已经在 h 列表 $\{m_i, \gamma, h(\gamma)\}$ 中，B_A 直接从列表中提取 $\{k_0, m_i, \gamma, h(\gamma)\}$，并回复 $h(\gamma) = h_\gamma$ 给敌手 A。

②如果 m_i 和 γ 都不在 h 列表中，B_A 从 $k_0 = \{0, 1\}$ 中随机选择，其中 $Pr[k_0 = 0] = \varpi$，B_A 选取随机数 $r_i \leftarrow \mathbf{Z}_p$。当 $k_0 = 0$ 时，计算 $h_\gamma = h(\gamma)$；当 $k_0 = 1$ 时，计算 $h_\gamma = g^{\beta r_i}$，B_A 将 $\{k_0, m_i, \gamma, h(\gamma)\}$ 存入 h 列表，并回复 $h(\gamma) = h_\gamma$ 给敌手 A。

（2）H2-预言机。敌手 A 向 B_A 询问关于数据块 m_i 和 γ 哈希值 $H(\gamma)$：

①如果 m_i 和 γ 都已经在 H2 列表 $\{k_0, m_i, \gamma, H(m_i \| h(\gamma))\}$ 中，B_A 直接从列表中提取 $\{k_0, m_i, \gamma, H(m_i \| h(\gamma))\}$，并回复 $H(m_i \| h(\gamma)) = h_{m_i \| \gamma}$ 给敌手 A。

②如果 m_i 和 γ 都不在 H2 列表中，B_A 查找 h 列表，请求对应 k_0 和 $h(\gamma)$，计算 $H(m_i \| h(\gamma)) = h(\gamma) \cdot g^{\eta_i m_i}$，其中随机值 $\eta_i \in \mathbf{Z}_q$，并将 $\{k_0, m_i, \gamma, H(m_i \| h(\gamma))\}$ 加入 H2 列表，回复 $H(m_i \| h(\gamma))$ 给敌手 A。

（3）动态标签-预言机。B_A 维护标签列表 $sig_{dyn} = \{m_i, \gamma, \sigma_i\}$，根据动态标签列表响应 A 对数据块 m_i 动态标签的请求。

①如果 m_i 相应动态操作的标签已经在列表中，则 B_A 提取列表中的 σ_i 作为应答影响敌手 A。

②如果 m_i 相应动态操作的标签不在列表中，B_A 查找 H2 列表，找到对应的 k_0 和 $H(m_i\|h(\gamma))$，如果对应的记录不存在，则再次自行请求预言机。

如果对应的记录在 H2 列表中，其中 $k_0 = 0$，B_A 根据 H-预言机选择 $H(m_i\|h(\gamma))$，并按照如下方式生成标签：

$$\sigma_i = \left(H(m_i\|h(\gamma))\cdot u^{m_i\|h(\gamma)}\right)^{\alpha} = g^{\alpha ri}\cdot g^{\alpha\eta_i m_i}\cdot g^{\alpha\theta(m_i\|g'')} \qquad (5\text{-}11)$$

并把形成的记录 $\{m_i,\ \gamma,\ \sigma_i\}$ 加入标签列表中，把 σ_i 作为应答来影响敌手 A。

当 $k_0 = 1$ 时，B_A 拒绝响应对应的动态标签。

假设 B_A 发送动态请求 $(m_i,\ \text{op}\|i\|N,\ \sigma_i)$，表示要对数据块 m_i 执行 op 操作。敌手 A 收到动态请求后，把动态请求更改为 $(m_i',\ \text{op}'\|i\|N,\ \sigma_i^*)$，更新后的动态请求合法，其 σ_i^* 不在动态标签列表中。

伪造输出：敌手 A 把更新后的动态请求 $(m_i',\ \text{op}'\|i\|N,\ \sigma_i^*)$ 发送给 B_A，满足式（5-7）、式（5-8）或式（5-9），以式（5-7）为例：

$$e(\sigma_i,\ g) = e(H(m_i'\|h(\gamma))\cdot u^{m_i'\|h(\gamma)},\ g^{\alpha}) \qquad (5\text{-}12)$$

敌手 A 没有向动态标签-预言机请求过基于 m_i' 和 $\text{op}'\|i\|N$ 的动态标签，这说明敌手 A 基于 m_i' 和 $\text{op}'\|i\|N$ 生成的 σ_i^* 及其相关记录不在动态标签列表中，只存在于 H2 列表和 H 列表中，那么它在 H2 和 H 列表中对应的记录为 $k_0 = 1$。由此式（5-11）可以有：

$$e(\sigma_i^*,\ g) = e(H(m_i'\|h(\gamma))\cdot u^{m_i'\|h(\gamma)},\ g^{\alpha})$$

$$= e(h(\gamma)\cdot g^{\eta_i m_i}\cdot u^{m_i'\|h(\gamma)},\ g^{\alpha}) \qquad (5\text{-}13)$$

由于 $k_0 = 1$，从 H 列表中可得 $H(\gamma) = g^{\beta r_i}$，所以

$$
\begin{aligned}
e(\sigma_i^*, g) &= e(h(\gamma) \cdot g^{\eta_i m_i} \cdot u^{m_i' \| h(\gamma)}, g^\alpha) \\
&= e((g^\beta g^{r_i})^\alpha \cdot g^{\alpha \eta_i m_i} \cdot (u^{m_i' \| Y g^{r_i}})^\alpha, g) \\
&= e(g^{\beta \alpha} \cdot g^{\alpha r_i}, g) \cdot e(g^{\alpha \eta_i m_i} \cdot g^{\alpha \theta(m_i' \| Y g^{r_i})}, g) \quad (5\text{-}14)
\end{aligned}
$$

所以，计算性 CDH 困难问题 g^α 和 g^β 的解为

$$
g^{\alpha \beta} = \left(\sigma_i^* \cdot (g^{\alpha \eta_i m_i} \cdot g^{\alpha \theta(m_i' \| g^\beta + r_i)})^{-1} \right)^{\frac{1}{g^{\alpha r_i}}} \quad (5\text{-}15)
$$

归约的概率分析：分析 B_A 使用敌手 A 修改的动态请求，求解计算性 CDH 问题，对于如下三种情况：

E_1：B_A 对于敌手 A 的所有向动态标签–预言机问询请求没有拒绝。

E_2：敌手 A 修改动态请求，生成合法的动态请求。

E_3：E_2 事件后，在 H 列表和 H2 列表中，对于敌手 A 生成的合法动态请求中 m_i'，$\| i \| N$，有 $k_0 = 1$ 的记录。

如果敌手 A 能够在以上的情况中都获得成功，那么 B_A 成功求解计算性 CDH 问题的概率为

$$
Pr(E_1 \cap E_2 \cap E_3) = Pr(E_1) Pr(E_2 | E_1) Pr(E_3 | E_2 \cap E_1) = \varpi^{n_{dyn}} \varepsilon_4 (1 - \varpi) \quad (5\text{-}16)
$$

这里 $\varpi = n_{dyn}/(n_{dyn} + 1)$，$n_{dyn}$ 表示生成动态标签的次数，那么概率 $Pr(E_1 \cap E_2 \cap E_3)$ 至少为 $\varepsilon_4/(\hat{e}(n_{dyn} + 1))$，其中 $\hat{e}$ 是一个自然对数。由于 ε_4 是不可忽略的，所以 B_A 能够以不忽略的概率解决 CDH 难题，但是这与 1.5.6 小节中关于 CDH 困难性问题相矛盾，所以 HBT-AM 可以抵抗敌手通过伪造标签构造合法的聚合证据通过完整性审计验证。

证明完毕。

5.5.3 正确性分析

HBT-AM 的正确性可以通过最后的审计等式证明。TPA 使用式（5-6）审计验证单个 DO 发起的审计请求，使用式（5-10）批量审计验证多个 DO 发起的审计任务，由于批量审计请求的正确性与单审计请求的分析方法相同，那么仅针对单审计的正确性进行分析验证。

$$
\begin{aligned}
e\left(\prod_{i \in chal} H(m_i)^{o_i} \cdot u^U, \ v\right) &= e\left(\left(\prod_{i \in chal} H(m_i)^{o_i}\right) \cdot u^{U_{C_1} + U_{C_2} + l \cdot h(Rand)}, \quad v\right) \\
&= e\left(\left(\prod_{i \in chal} H(m_i)^{o_i}\right)^{\alpha} \cdot u^{\alpha\left(\sum_{i \in chal}(o_i \cdot m_i) + l \cdot h(Rand)\right)}, \quad g\right) \\
&= e\left(\prod_{i \in chal}((H(m_i) \cdot u^{m_i})^{\alpha})^{o_i} \cdot \left((u^{\alpha})^l\right)^{h(Rand)}, \quad g\right) \\
&= e\left(\prod_{i \in chal} \sigma_i^{o_i} \cdot \left((u^{\alpha})^l\right)^{h(Rand)}, \quad g\right) \\
&= e(\sigma \cdot Rand^{h(Rand)}, \ g) \quad\quad\quad (5\text{-}17)
\end{aligned}
$$

5.6 性能评估

本节从理论分析和实验验证两个方面评估 HBT-AM 性能。

5.6.1 理论分析

为了证明 HBT-AM 审计效率，本节选择 Tian 等人在雾计算环境中提出的审计协议[136]（FOG-PA）与其对比。为了说明 HBT 数据结构的动态审计效率，本节选择 Wang 等人提出的协议[94]（MHT-PA）和 Tian 等人提出的协议[86]（DHT-PA）与其对比，其中 MHT-PA 的动态数据结构为 MHT，DHT-PA 动态数据结构为 DHT。

5.6.1.1　通信复杂度

HBT-AM 在发送挑战、传输证据和动态审计过程中会产生通信，每个阶段的通信量见表 5.1。在挑战阶段，HBT-AM 的通信复杂度与 MHT-PA 和 DHT-PA 相同，FOG-PA 的通信量要比其他三个协议增加 $c|G|$。在传输证据阶段，HBT-AM 的通信复杂度与 DHT-PA 和 FOG-PA 相差不多，但要优于 MHT-PA。这是因为与 MHT-PA 相比，HBT-AM 的 TPA 保存外包数据块哈希值 $\{H(m_i)\}_{1 \leqslant i \leqslant n}$，不需要 CSP 额外传输该值。在动态过程中，HBT-AM 的通信复杂度比其他三个协议略有优势，而 MHT-PA 需要验证 MHT 根结点和待更新的数据块，所以它的通信复杂度最高。

表 5.1　通信复杂度对比

方案	挑战	证据	动态
MHT-PA	$c \cdot (|i| + |p|)$	$|p| + (i + 2)|G| + \Omega$	$|i| + |m| + 4|G| + |p|$
DHT-PA	$c \cdot (|i| + |p|)$	$2|G|$	$2|i| + 2|m| + |G| + 2|p|$
FOG-PA	$c \cdot (|i| + |p| + |G|)$	$|p|$	—
HBT-AM	$c \cdot (|i| + |p|)$	$|p| + |G|$	$|i| + |m| + 2|G| + |p|$

5.6.1.2　计算复杂度

HBT-AM 方案在初始化、ES/雾结点服务器计算标签和生成审计聚合证据阶段都有比较复杂的计算，每个阶段的计算复杂度见表 5.2。在初始化和生成聚合证据阶段，HBT-AM 比 MHT-PA、DHT-PA 和 FOG-PA 方案有明显优势。同时，HBT-AM 在 ES/雾结点证据阶段分担 CSP 计算压力，没有增加额外计算。与 FOG-PA 相比，HBT-AM 没有计算结点标签的过程，所以总体来看，本章所提的 HBT-AM 计算性能优于 FOG-PA。

表 5.2　计算复杂度对比

方案	初始化	ES/雾结点标签	ES/雾结点证据	CSP 证据
MHT-PA	$(n+1)\text{Hash}_{Z_p} + 2n\text{Exp}_G + (n+1)\text{Mul}_G$	—	—	$c(2\text{Mul}_G + \text{Add}_{Z_p} + \text{Exp}_G)$
DHT-PA	$n(\text{Hash}_{Z_p} + \text{Mul}_G + \text{Add}_{Z_p} + \text{Pair}_G)$	—	—	$c(2\text{Mul}_G + \text{Add}_{Z_p} + \text{Exp}_G) + \text{Pair}_G$
FOG-PA	$n(\text{Hash}_{Z_p} + \text{Mul}_G + 3\text{Exp}_G)$	$n(\text{Hash}_{Z_p} + \text{Mul}_G + 3\text{Exp}_G + 2\text{Pair}_G)$	—	$c(2\text{Mul}_G + \text{Add}_{Z_p} + \text{Exp}_G) + \text{Hash}_G + 2\text{Pair}_G$
HBT-AM	$n(\text{Hash}_{Z_p} + \text{Mul}_G + 2\text{Exp}_G)$	Exp_G	$c(\text{Mul}_G + \text{Exp}_G)$	$c(\text{Mul}_G + \text{Add}_{Z_p})$

5.6.2　实验验证与分析

本节通过实验验证 HBT-AM 的有效性。实验选择四台计算机搭建系统原型，分别模拟 DO、云存储服务、边缘计算服务和审计服务。模拟计算机的配置是 Intel(R)Core(TM)i7-4710HQ CPU @ 2.50 GHz 处理器和 8 GB RAM，操作系统是 Ubuntu。实验基于 PBC 库构建 HBT-AM[103]，使用 MNT d59 曲线参数初始化构造双线性对，循环群 G_1 和 G_2 的阶均为 160 bit，划分的数据块大小为 20 kB。在初始化阶段、生成聚合证据和审计验证中，实验选择协议 MHT-PA、DHT-PA 和 FOG-PA 与 HBT-AM 进行对比。在动态审计中，由于 MHT-PA 和 HBT-AM 的数据结构均是树形结构，所以实验选择该协议与 HBT-AM 进行对比。

5.6.2.1　数据块同态可验证标签计算成本

图 5.7 展示了四个审计协议计算不同数量数据块的同态可验证标签对比时间。从图中可以看出，随着数据块的增加，时间均线性增长。HBT-AM 需要的时间与 MHT-PA 基本重合，所需时间最少，而 DHT-PA 需要的时间最多，FOG-PA 需要的时间居中。这是因为 DHT-PA 比 HBT-AM 多了计算 nP_G 的时间，而 FOG-PA 比 HBT-AM 多了一个指数操作 E_G 的时间。

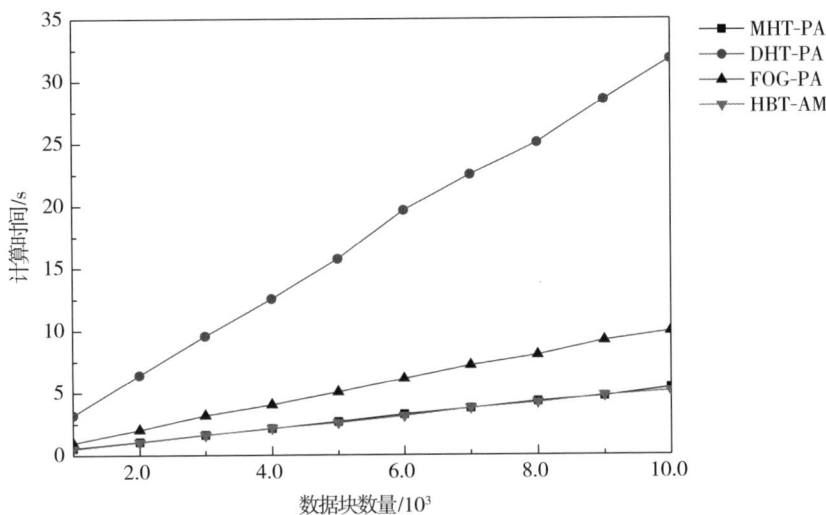

图 5.7　同态验证标签时间对比

5.6.2.2　聚合证据的计算开销

图 5.8 展示了四个协议计算不同数量挑战数据块聚合证据的时间对比。从图中可以看出，随着挑战数据块的增加，各个协议的计算开销缓慢增长。HBT-AM 与其他三个协议相比具有很明显的计算优势，这是因为 ES 缓存了一部分数据块，它协助 CSP 计算这部分聚合证据，减轻了 CSP 的计算开销。

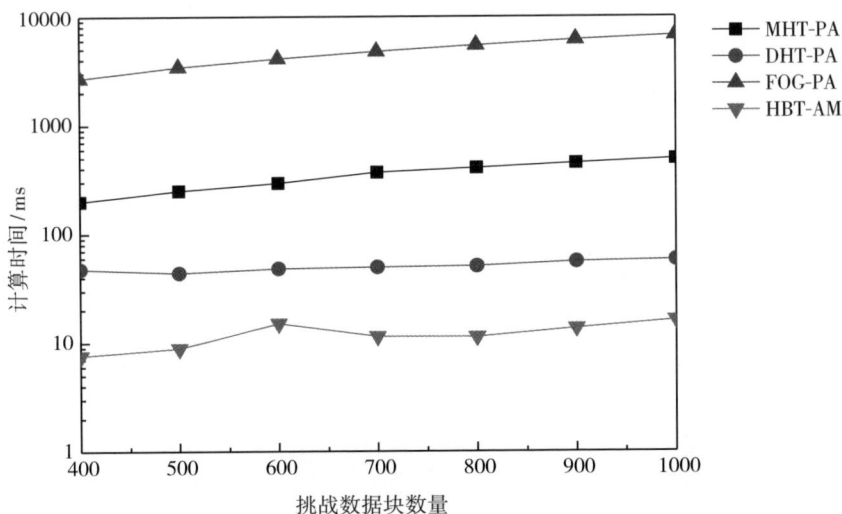

图 5.8　聚合证据时间对比

5.6.2.3 审计验证的时间开销

图5.9展示了审计阶段各个协议审计聚合证据所需的时间。从图中可以明显看出，HBT-AM所需的时间优于MHT-PA，并与FOG-PA所需的时间相差不多，但要远优于DHT-PA。造成这种结果的主要原因有：第一，FOG-PA需要为雾结点生成标签证据，这样TPA除了要审计挑战数据块所需的标签证据，也要审计雾结点生成的标签证据，但审计时间消耗不大，所以与HBT-AM相比，仅略微增加计算开销。第二，在审计过程中，MHT-PA中TPA除了要审计聚合证据，还要根据挑战数据块的哈希值和辅助路径计算并审计MHT的根结点，对根结点的处理增加了额外的计算开销，但该过程计算复杂度不高，与本章相比计算消耗量没有显著增加。第三，在审计过程中，DHT-PA需要在DHT表中找到挑战数据块的哈希值$H(m_i)$，时间复杂度为$O(n)$，HBT-AM虽然也需要这个过程，但是本章使用HBT存储$H(m_i)$，检索数据块哈希值的时间复杂度仅为$O(\lg n)$，所需的时间少于DHT-PA。

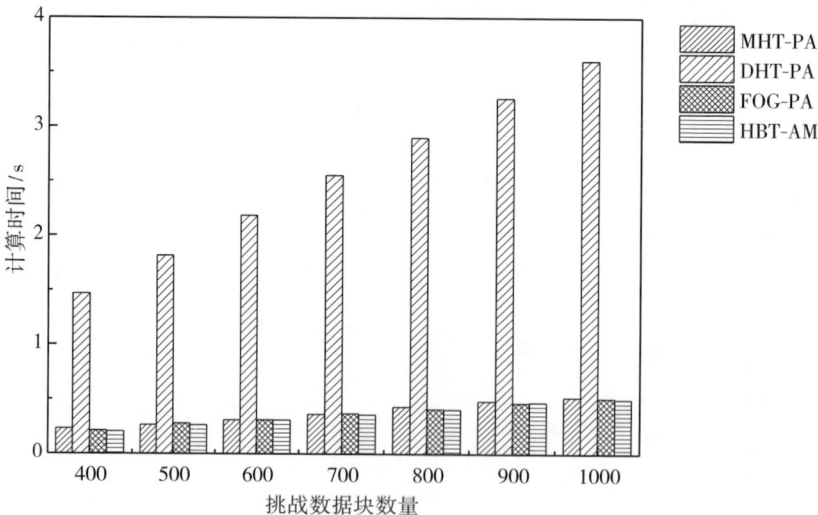

图 5.9 审计时间对比

5.6.2.4　动态审计的时间开销

图 5.10、图 5.11 和图 5.12 中依次展示了 HBT-AM 和 MHT-PA 针对数据块的修改、插入和删除操作的计算时间。从这三张图中可以看出，HBT-AM 和 MHT-PA 的三种动态操作时间随着数据块的增加而线性增长，HBT-AM 和 MHT-PA 的时间相差不多，但是 HBT-AM 的时间均少于 MHT-PA。主要有两点原因：第一，HBT 高度比 MHT 低，并且 HBT 中结点按照大小平衡排列，即使 MHT 树中结点从左到右，按照大小顺序排列，HBT 寻找动态目标结点所花销的时间仍然比 HMT-PA 少。第二，当 CSP 收到更新请求时，HBT-AM 只需要确保数据块标签和操作请求正确就可以完成动态请求，而 MHT-PA 则要验证更新前 MHT 根结点的正确性，同时要确保目标动态数据块的正确性。这两点原因增加了 HMT-PA 的计算量，使得 HBT-AM 的动态更新效率高于 MHT-PA，这也与理论分析中计算复杂度的分析的结果相一致。

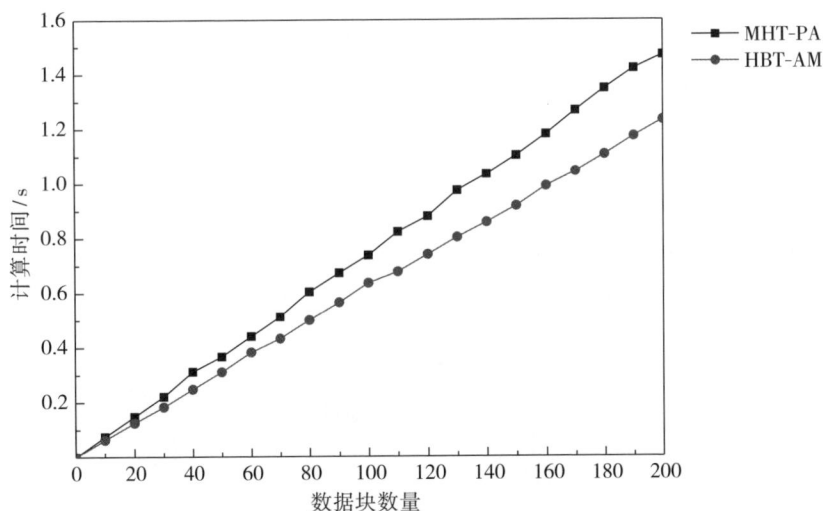

图 5.10　修改时间对比

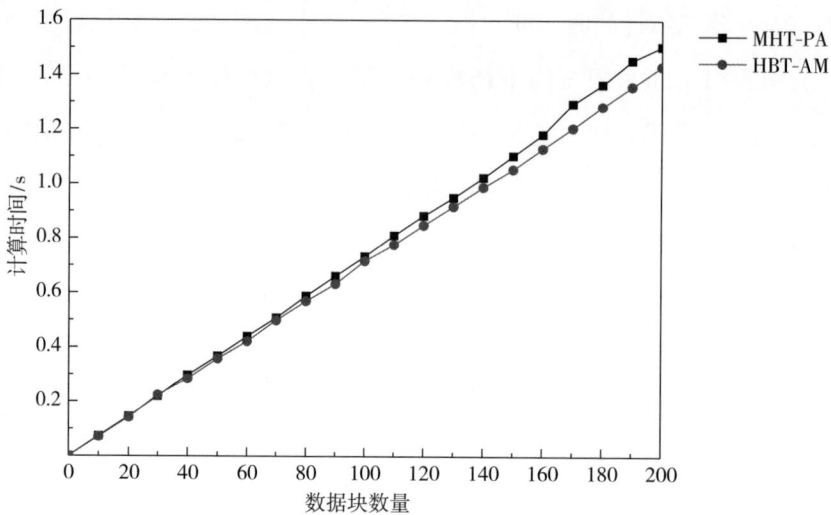

图 5.11　插入时间对比

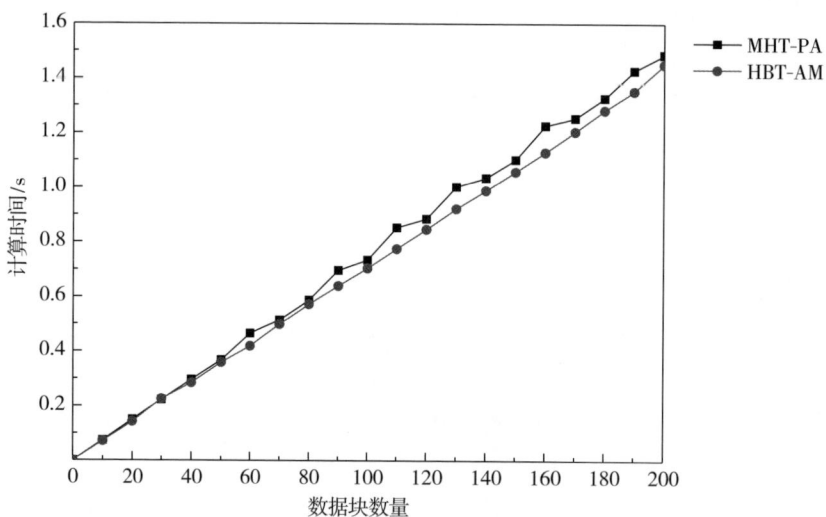

图 5.12　删除时间对比

5.7　用例分析

本章用示例说明使用 ANR-AM、BSC-DAM、PPS-AM 与 HBT-AM 共同设计

的远程外包数据审计机制，其中ANR-AM确保所设计机制能够抵抗新型重放攻击，BSC-DAM支持所设计机制实现分布式审计，PPS-AM支持所设计机制提高抽中低访问频率数据块的概率，HBT-AM支持所设计机制实现高效动态审计。具体机制的流程如图5.13所示。

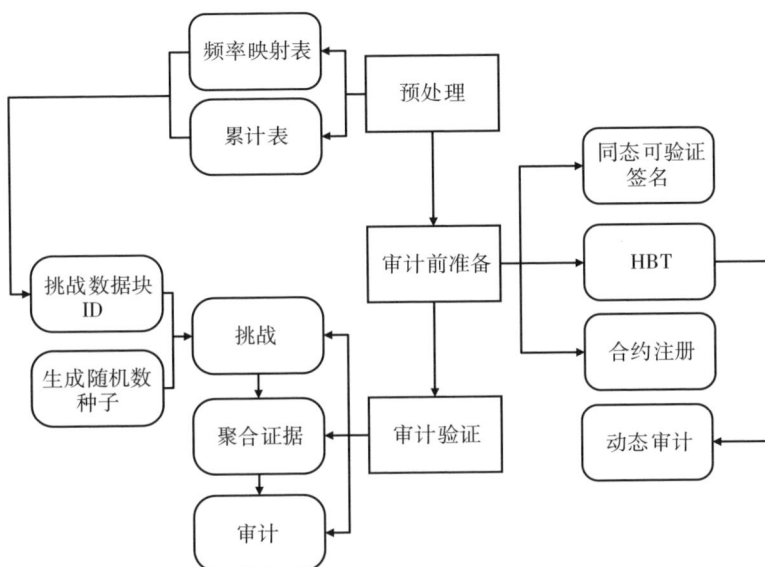

图 5.13　审计流程示例图

以边云协同网络为背景，系统中有四个实体，其中Alice表示DO，AWS表示CSP，AC表示审计合约，Ton表示ES。

（1）Alice将外包数据M_{Alice}划分为1000个数据块，$M_{\text{Alice}} = \{m_1, m_2, \cdots, m_{1000}\}$，将$M_{\text{Alice}}$发送到AWS存储之前，对数据集预处理，预处理算法主要参考4.6小节，最终生成频率映射表和累计表，保存到本地。

（2）预处理结束后，Alice做审计前的准备，主要包括三个过程：第一，生成同态可验证标签$\Phi = \{\sigma_i\}_{1 \leqslant i \leqslant 1000}$，计算数据块哈希值集合$\theta = \{H(m_i)\}_{1 \leqslant i \leqslant 1000}$，计算$M_{\text{Alice}}$的标签tag $= name_{\text{Alice}} \| 1000 \| u \| \text{sig}_{ssk}(name_{\text{Alice}} \| 1000 \| u)$，完成后，Alice向Ton发送$\{M_{\text{Alice}}, \Phi, \text{tag}\}$，Ton收到后审计tag，并把$M_{\text{Alice}}$及其唯一标识Alice发送给AWS存储，过程可以参考2.7小节；第二，合约注册，Alice和AWS调用

合约构造函数注册相关信息，具体过程可以参考3.7小节；第三，Alice根据数据块哈希值 $\{H(m_i)\}_{1 \le i \le 1000}$ 构建HBT，HBT结点动态序号与数据块逻辑顺序号相同。

（3）审计前的准备完成后，等到审计时间点进入审计验证阶段；挑战阶段，Alice调用PPS算法，根据频率映射表和累计表生成待挑战数据块ID集合，集合大小为460，并与基于Nonce所生成的随机数种子一起作为参数触发审计合约中GenChallenge_SmartCon算法，得到挑战数据集合 $chal = \{i, r_i\}_{i \in I}$，具体过程可以参考3.7和4.6节；聚合证据阶段，Ton根据 $chal$ 生成标签证据 $P_1 = \prod_{i \in I} \sigma_i^{r_i}$，根据自己的存储数据情况，生成部分数据证据 $P_{21} = \sum_{i \in I_1} m_i \cdot r_i$；AWS根据生成剩余部分数据证据 $P_{22} = \sum_{i \in I_2} m_i \cdot r_i$，Ton合并数据证据 $P_2 = P_{21} + P_{22}$，得到最后的审计证据；审计部分，Ton使用审计证据触发Auditing_SmartCon算法，通过验证等式 $e(P_1 \cdot Rand^{h(Rand)}, g) \stackrel{?}{=} e(\prod_{i \in chal} H(m_i)^{r_i} \cdot u^{P_2}, v)$，判断AWS的存储情况。

（4）在动态操作中，参考ANR-AM抗新型重放攻击设计要求和HBT-AM动态审计操作过程，令Alice存储HBT，通过与Ton和AWS的交互完成动态操作。假设Alice要在数据块 m_{100} 和 m_{101} 之间插入新的数据块 m_{100}^*，$L=1000$。插入后，m_{100}、m_{100}^* 和 m_{101} 的逻辑序号分别为100，101，102，动态序号分别为100，101~1000，101；Alice生成字符串 $\gamma_{100}^* = I\|100\|101-1000\|N$，计算 $H(m_{100}^*\|h(\gamma))$，生成 m_{100}^* 的同态可验证标签 $\sigma_{100}^* = (H(m_{100}^*\|h(\gamma)) \cdot u^{m_{100}^*\|h(\gamma)})^\alpha$。Alice向Ton发送 $\{\gamma_{100}^*, m_{100}^*, \sigma_{100}^*\}$，并生成一个新的结点 N_{100}^*，使用 $\{101\sim1000, H(m_{100}^*\|h(\gamma))\}$ 初始化该结点。根据逻辑序号100检索HBT，找到结点 N_{100}，把 N_{100}^* 插入 N_{100} 之后，根据动态序号101~1000调整HBT。Ton收到来自Alice的数据后，本地存储 m_{100}^*，并发送 $\{\gamma_{100}^*, m_{100}^*, \sigma_{100}^*\}$ 给AWS。收到后，AWS验证 $e(\sigma_{100}^*, g) \stackrel{?}{=} e(H(m_{100}^*\|h(\gamma_{100}^*)) \cdot u^{m_{100}^*\|h(\gamma_{100}^*)}, v)$，如果等式相等，令 $m_{100}^* = m_{100}^*\|h(\gamma_{100}^*)$，将 m_{100}^* 插入 m_{100} 之后。

（5）假设 Alice 把第 100 个数据块 m_{100} 修改为 m'_{100}。Alice 生成字符串 $\gamma_{100} = M_o \| 100 \| N$，计算 $H(m'_{100} \| h(\gamma_{100}))$，$\sigma'_{100} = (H(m'_{100} \| h(\gamma_{100})) \cdot u^{m'_{100} \| h(\gamma_{100})})^{\alpha}$。Alice 使用 $H(m'_{100} \| h(\gamma m_{100}))$ 替换 HBT 对应结点的哈希值后，向 Ton 发送 γ_{100}。Ton 收到后向 Alice 发送 $\{m_{100}, \sigma_{100}\}$，Alice 根据 i 搜索 HBT 得到数据块 m_{100} 的哈希值 $H(m_{100})$，并计算 $\sigma'_{100} = (H(m_{100}) \cdot u^{m_{100}})^{\alpha}$，验证 σ_{100} 是否与 σ'_{100} 相等，验证通过后 Alice 向 Ton 发送 $\{m'_{100}, \sigma'_{100}\}$，Ton 更新 σ_{100}，并向 AWS 发送 $\{\gamma_{100}, m'_{100}, \sigma'_{100}\}$，AWS 验证通过后更新数据块。

（6）假设 Alice 需要删除第 99 个数据块 m_{99}。Alice 生成字符串 $\gamma_{99} = D \| 100 \| N$，计算 $H(\gamma_{99})$，生成删除操作标签 $\sigma_{99} = (H(\gamma_{99}))^{\alpha}$。Alice 根据逻辑序号 i 检索本地 HBT，找到对应的结点并删除该结点，并按照平衡树的要求调整 HBT，同时向 Ton 发送 $\{\gamma_{99}, i, \sigma_{99}\}$。Ton 收到来自 Alice 的数据后，删除对应结点的标签 σ_{99}，并把数据 $\{D, 99, H(\gamma_{99})\}$ 再发送给 AWS，AWS 验证并更新后执行删除操作。

5.8　本章小结

本章提出边云协同网络中基于哈希平衡树的远程外包数据审计机制（HBT-AM）。首先，基于 AVL 数据结构提出新数据结构 HBT，该数据结构中的每个结点均存储外包数据块信息，并且左右子树始终保持平衡，能提高存储效率和结点查找速度。但由于动态平衡树的特点，每次插入、删除都会多次调整 HBT 的平衡度，所以设计新动态序号结构来标记 HBT 结点，以减少 HBT 平衡次数。其次，在边云协同网络环境下，描述动态审计过程中外部攻击者会挟持 ES 恶意破坏 DO 外包数据的威胁模式。再次，基于 HBT 数据结构和安全威胁，提出 HBT-AM 机制，该机制支持公共审计、动态审计和批量审计。最后，安全性分析证明了 HBT-AM 的安全性，理论分析和实验结果验证了 HBT-AM 的高效性。

参考文献

[1] JADEJA Y, MODI K. Cloud computing-concepts, architecture and challenges [C]//International Conference on Computing, Electronics and Electrical Technologies. Piscataway：IEEE, 2012：877-880.

[2] ARMBRUST M, FOX A, GRIFFITH R, et al. A view of cloud computing [J]. Communications of the ACM, 2010, 53(4)：50-58.

[3] BAHRAMI M, SINGHAL M. The role of cloud computing architecture in big data [J]. Information granularity, big data, and computational intelligence, 2015, 8：275-295.

[4] BOTTA A, DONATO D W, PERSICO V, et al. Integration of cloud computing and internet of things：a survey [J]. Future generation computer systems, 2016, 56：684-700.

[5] 朱近之.智慧的云计算：物联网的平台[M].北京：电子工业出版社, 2011.

[6] MELL P, GRANCE T. The NIST definition of cloud computing [J]. Computer systems technology, 2011, 9：1-7.

[7] MARSTON S, LI Z, BANDYOPADHYAY S, et al. Cloud computing：the business perspective[J]. Decision support systems, 2011, 51(1)：176-189.

[8] 新华.国务院印发《关于促进云计算创新发展培育信息产业新业态的意见》[J].军民两用技术与产品, 2015(5)：4-5.

[9] 张放.工信部《云计算发展三年行动计划(2017—2019年)》解读：从行动计划看云计算产业发展趋势[J].物联网技术, 2017, 7(6)：5.

［10］ VECCHIOLA C，PANDEY S，BUYYA R. High-performance cloud computing：a view of scientific applications［C］//International Symposium on Pervasive Systems. Piscataway：IEEE，2009.

［11］ 石利平. 浅析基于Web的云存储技术［J］. 现代计算机（专业版），2010(3)：117-119.

［12］ 龚靖，雷俊智，龙洋，等. 云存储解析［M］. 北京：人民邮电出版社，2013.

［13］ 冯朝胜，秦志光，袁丁. 云数据安全存储技术［J］. 计算机学报，2015，38（1）：150-163.

［14］ WANG C，WANG Q，REN K，et al. Toward secure and dependable storage services in cloud computing［J］. IEEE，2011，5（2）：220-232.

［15］ Omdia. 2024年存储数据服务报告［EB/OL］.（2024-07-01）［2024-10-15］. https:omdia.tech.informa.com/.

［16］ 冯登国，张敏，张妍，等. 云计算安全研究［J］. 软件学报，2011，22(18)：71-83.

［17］ 李晖，孙文海，李凤华，等. 公共云存储服务数据安全及隐私保护技术综述［J］. 计算机研究与发展，2014，51（7）：1397-1409.

［18］ MISHRA B，JENA D. Security of cloud storage：a survey［J］. New York：ACM，2019：109-114.

［19］ RAWAL B S，VIJAYAKUMAR V，MANOGARAN G，et al. Secure disintegration protocol for privacy preserving cloud storage ［J］. Wireless personal communications，2018，103（2）：1161-1177.

［20］ TIAN H，NAN F，JIANG H，et al. Public auditing for shared cloud data with efficient and secure group management［J］. Information sciences，2019，472：107-125.

［21］ Daniel E，Durga S，Seetha S. Panoramic view of cloud storage security attacks：an insight and security approaches［C］//2019 3rd Internation Conference on Computing Methodologies and Communication. New York：ACM，2019.

［22］ SOOKHAK M，GANI A，TALEBIAN H，et al. Remote data auditing in cloud computing environments: a survey, taxonomy, and open issues [J]. ACM computing surveys, 2015,47(4):1-34.

[23] DESWARTE Y, QUISQUATER JJ, SAÏDANE A. Remote integrity checking [C]//Working Conference on Integrity and Integrity Control in Information Systems. Berlin:Springer-Verlag,2003.

[24] JUELS A, KALISKI JR B S. Proofs of retrievability for large files [C]// Proceedings of the 14th ACM Conference on Computer and Communications Security. New York:ACM,2007:584-597.

[25] ATENIESE G, BURNS R, CURTMOLA R, et al. Provable data possession at untrusted stores [C]// Proceedings of the 14th ACM Conference on Computer and communications security. New York: ACM,2007:598-609.

[26] YANG K,JIA X. Data storage auditing service in cloud computing:challenges, methods and opportunities[J]. World wide web,2012,15(4):409-428.

[27] Yi S,Qin Z,Li Q. Security and privacy issues of fog computing:a survey[C]// International Conference on Wireless Algorithms, Systems, and Applications. Berlin:Springer-Verlag,2015:685-695.

[28] LIU B, YU X L, CHEN S, et al. Blockchain based data integrity service framework for IoT data [C]// 2017 IEEE International Conference on Web Services. Piscataway:IEEE,2017:468-475.

[29] SHEN W, QIN J, YU J, et al. Enabling identity-based Integrity auditing and data sharing with sensitive information hiding for secure cloud storage [J]. IEEE transactions on information forensics and security,2019,14(2):331-346.

[30] LIBERT T. An automated approach to auditing disclosure of third-party data collection in website privacy policies [C]//WWW 2018: International World Wide Web Conferences. Menlo Park:AAAI,2018.

[31] CHEN D, ZHAO H. Data security and privacy protection issues in cloud computing [C]// 2012 International Conference on Computer Science and

Electronics Engineering. Piscataway: IEEE, 2012, 1: 647-651.

[32] HSIEN W-F, YANG C C, HWANG M-S. A Survey of public auditing for secure data storage in cloud computing [J]. International journal network security, 2016, 18(1): 133-142.

[33] STOJMENOVIC I, WEN S, HUANG X, et al. An overview of fog computing and its security issues [J]. Concurrency and computation: practice and experience, 2016, 28(10): 2991-3005.

[34] BONEH D, LYNN B, SHACHAM H. Short signatures from the Weil pairing [C]//International Conference on the Theory and Application of Cryptology and Information Security. Berlin: Springer-Verlag, 2001.

[35] BAO F, DENG R H, Zhu H. Variations of Diffie-Hellman problem [C]// International Conference on Information and Communications Security. New York: ACM, 2003: 301-312.

[36] NYBERG K, RUEPPEL R A. Message recovery for signature schemes based on the discrete logarithm problem [C]//Workshop on the Theory and Application of of Cryptographic Techniques. Berlin: Springer-Verlag, 1994.

[37] SZYDLO M. Merkle tree traversal in log space and time [C]//International Conference on the Theory and Applications of Cryptographic Techniques. Berlin: Springer-Verlag, 2004: 541-554.

[38] BECKER G. Merkle signature schemes, merkle trees and their cryptanalysis [J]. Springer, 2008, 7(18): 1-28.

[39] ZHU Y, WANG H, HU Z, et al. Efficient provable data possession for hybrid clouds [C]//Proceedings of the 17th ACM Conference on Computer and Communications security. New York: ACM, 2010: 756-758.

[40] ATENIESE G, KAMARA S, KATZ J. Proofs of storage from homomorphic identification protocols [C]// International Conference on the Theory and Application of Cryptology and Information Security. New York: ACM, 2009:

319-333.

[41] COCHRAN W G. sampling techniques [M]. Manhattan: John Wiley&Sons, 2007.

[42] GHOSH S,GOLDSTEIN L. Applications of size biased couplings for concentration of measures[J]. Electronic communications in probability,2011,16:70-83.

[43] CROSBY M, PATTANAYAK P, VERMA S, et al. blockchain technology: beyond bitcoin[J]. Applied innovation,2016(2):6-19.

[44] ZHENG Z,XIE S,DAI H N,et al. Blockchain challenges and opportunities: a survey [J]. International journal of web and grid services, 2018, 14 (4): 352-375.

[45] WOOD E. Ethereum: a Secure decentralised generalised transaction ledger [J]. Springer,2018,8(19):1-32.

[46] GENCER, ADEM E, et al. Decentralization in bitcoin and ethereum networks [C]. Financial Cryptography and Data Security: 22nd International Conference, FC 2018, Nieuwpoort, Curaçao, February 26-March 2, 2018, Revised Selected Papers 22. Berlin Heidelberg:Springer, 2018.

[47] AMANI S,BÉGEL M,BORTIN M,et al. Towards verifying ethereum smart contract bytecode in Isabelle/HOL[C]// Proceedings of the 7th ACM SIGPLAN International Conference on Certified Programs and Proofs. New York:ACM, 2018:66-77.

[48] VUJICIC D,JAGODIC D,RANDIC S. Blockchain technology,bitcoin,and ethereum:abrief overview[C]// International Symposium INFOTEH-JAHORINA (INFOTEH). Berlin:Springer-Verlag,2018:1-6.

[49] BUTERIN V. A next-generation smart contract and decentralized application platform[J]. White paper,2014,3:37.

[50] BONNEAU J,CLARK J,GOLDFEDER S. On bitcoin as a public randomness source[J]. IACR Cryptology ePrint Archive,2015,2015:1015.

［51］ SYTA E,JOVANOVIC P,KOGIAS E K,et al. Scalable bias-resistant distributed randomness ［C］//2017 IEEE Symposium on Security and Privacy （SP）. Piscataway:IEEE,2017:444-460.

［52］ BÜNZ B, GOLDFEDER S, BONNEAU J. Proofs-of-delay and randomness beacons in ethereum［J］. IEEE security and privacy on the blockchain,2017.

［53］ CASCUDO I, DAVID B. SCRAPE:scalable randomness attested by public entities［C］//International Conference on Applied Cryptography and Network Security. Berlin:Springer-Verlag,2017:537-556.

［54］ SYTA E, TAMAS I, VISHER D, et al. Keeping authorities" honest or bust" with decentralized witness cosigning［C］// 2016 IEEE Symposium on Security and Privacy. Piscataway:IEEE,2016:526-545.

［55］ CHAN C K,CHENG L M. Events:cryptanalysis of a timestamp-based password authentication scheme［J］. Computers & security,2001,21（1）:74-76.

［56］ FAN L, LI J H, ZHU H W. An enhancement of timestamp-based password authentication scheme［J］. Computers & security,2002,21（7）:665-667.

［57］ NIZAMUDDIN, NISHARA, et al. Decentralized document version control using ethereum blockchain and IPFS[C]. Computers & electrical engineering,2019 (76): 183-197.

［58］ ZHENG Z, XIE S, DAI H, et al. An overview of blockchain technology: architecture, consensus, and future trends ［C］// 2017 IEEE International Congress on Big Data. Piscataway:IEEE,2017:557-564.

［59］ BIRYUKOV A, KHOVRATOVICH D, TIKHOMIROV S. Findel:secure derivative contracts for ethereum ［C］//International Conference on Financial Cryptography and Data Security. Berlin:Springer-Verlag,2017:453-467.

［60］ ATZEI N,BARTOLETTI M,CIMOLI T. A survey of attacks on ethereum smart contracts （SoK）［C］//International Conference on Principles of Security and Trust. Berlin:Springer-Verlag,2017:164-186.

［61］ KAMARA S,LAUTER K. Cryptographic cloud storage[J]. Financial cryptography and data security,2010,6054:136-149.

［62］ KATZ J,LINDELL Y. Introduction to modern cryptography［M］. London:CRC Press,2007.

［63］ KATZ J, LINDELL Y. Introduction to modern cryptography ［M］. 2nd ed. London:CRC Press,2014.

［64］ BELLARE M, ROGAWAY P. Random oracles are practical: a paradigm for designing efficient protocols［C］//Proceedings of the 1st ACM Conference on Computer and Communications Security. New York:ACM,1993:62-73.

［65］ FIAT A,SHAMIR A. How to prove yourself:practical solutions to identification and signature problems ［C］//Conference on the Theory and Application of Cryptographic Techniques. Berlin:Springer-Verlag,1986:186-194.

［66］ CANETTI R, GOLDREICH O, HALEVI S. The random oracle methodology, revisited[J]. Journal of the ACM,2004,51(4):557-594.

［67］ FUJISAKI E, OKAMOTO T. Secure integration of asymmetric and symmetric encryption schemes[J]. Journal of cryptology,2013,26(1):80-101.

［68］ HUANG Q, WONG D S. Short and efficient convertible undeniable signature schemes without random oracles[J].Theoretical computer science,2013,476:67-83.

［69］ LIU C,RANJAN R,ZHANG X,et al. Public auditing for big data storage in cloud computing-a survey［C］//2013 IEEE 16th International Conference on Computational Science and Engineering. Piscataway:IEEE,2013:1128-1135.

［70］ ZHOU L,FU A,YU S,et al. Data integrity verification of the outsourced big data in the cloud environment:a survey［J］. Journal of network and computer applications,2018,22:1-15.

［71］ TIAN H,CHEN Y,JIANG H,et al. Public auditing for trusted cloud storage services[J]. IEEE security & privacy,2019,17(1):10-22.

［72］ HAO Z,ZHONG S,YU N. A privacy-preserving remote data integrity checking protocol with data dynamics and public verifiability［J］. IEEE transactions on knowledge and data engineering,2011,23(9):1432-1437.

［73］ WANG C,CHOW S S,WANG Q,et al. Privacy-preserving public auditing for secure cloud storage［J］. IEEE transactions on computers,2011,62(2):362-375.

［74］ LI J,ZHANG L,LIU J K,et al. Privacy-preserving public auditing protocol for low-performance end devices in cloud［J］. IEEE transactions on information forensics and security,2016,11(11):2572-2583.

［75］ ZHANG Y, XU C, LIANG X, et al. Efficient public verification of data integrity for cloud storage systems from indistinguishability obfuscation［J］. IEEE transactions on information forensics and security, 2016, 12 (3) : 676-688.

［76］ GARG N, BAWA S. RITS-MHT: relative indexed and time stamped Merkle Hash tree based data auditing protocol for cloud computing［J］. Journal of network and computer applications,2017,84:1-13.

［77］ LU R, ZHANG H, TU T F. Dynamic outsourced auditing services for cloud storage based on batch-leaves-authenticated merkle hash tree［J］. IEEE transactions on services computing,2017,13(3):451-463.

［78］ YANG K,JIA X. An efficient and secure dynamic auditing protocol for data storage in cloud computing［J］. IEEE transactions on parallel and distributed systems,2013,24(9):1717-1726.

［79］ ZHANG J,DONG Q. Efficient ID-based public auditing for the outsourced data in cloud storage［J］. Information sciences,2016,343:1-14.

［80］ WANG H,HE D,TANG S. Identity-based proxy-oriented data uploading and remote data integrity checking in public cloud［J］. IEEE transactions on information forensics and security,2016,11(6):1165-1176.

［81］ WANG Y,WU Q,QIN B,et al. Identity-based data outsourcing with comprehensive auditing in clouds[J]. IEEE transactions on information forensics and security, 2016,12(4):940-952.

[82] BARSOUM A F, HASAN M A. Provable multicopy dynamic data possession in cloud computing systems[J]. IEEE transactions on information forensics and security, 2014,10(3):485-497.

[83] LIU C, RANJAN R, YANG C, et al. MuR-DPA: top-down levelled multi-replica merkle hash tree based secure public auditing for dynamic big data storage on cloud[J]. IEEE transactions on computers, 2014,64(9):2609-2622.

[84] WANG B, LI H, LI M. Privacy-preserving public auditing for shared cloud data supporting group dynamics[C]//2013 IEEE International Conference on Communications (ICC). Piscataway: IEEE, 2013: 1946-1950.

[85] YANG G, YU J, SHEN W, et al. Enabling public auditing for shared data in cloud storage supporting identity privacy and traceability[J]. Journal of systems and software, 2016,113:130-139.

[86] TIAN H, CHEN Y, CHANG C-C, et al. Dynamic-Hash-table based public auditing for secure cloud storage[J]. IEEE transactions on services computing, 2015,10(5):701-714.

[87] MEHDI S, ADNAN A, ABDULLAH G, et al. Towards dynamic remote data auditing in computational clouds[J]. The scientific world journal, 2014:1-12.

[88] SHACHAM H, WATERS B. Compact proofs of retrievability[C]//International Conference on the Theory and Application of Cryptology and Information Security. Berlin: Springer-Verlag, 2008: 90-107.

[89] YUAN J, YU S. Public integrity auditing for dynamic data sharing with multiuser modification[J]. IEEE transactions on information forensics and security, 2015,10(8):1717-1726.

[90] LI Y, YU Y, MIN G, et al. Fuzzy identity-based data integrity auditing for reliable cloud storage systems[J]. IEEE transactions on dependable and

secure computing,2017,16(1):72-83.

[91] LI J,LI J,XIE D,et al. Secure auditing and deduplicating data in cloud[J]. IEEE transactions on computers,2015,65(8):2386-2396.

[92] YU Y,AU M H,ATENIESE G,et al. Identity-based remote data integrity checking with perfect data privacy preserving for cloud storage[J]. IEEE transactions on information forensics and security,2016,12(4):767-778.

[93] WANG H,HE D,FU A,et al. Provable data possession with outsourced data transfer[J]. IEEE transactions on services computing,2019:1.

[94] WANG Q,WANG C,REN K,et al. Enabling public auditability and data dynamics for storage security in cloud computing[J]. IEEE transactions on parallel and distributed systems,2010,22(5):847-859.

[95] SOOKHAK M,GANI A,KHAN M K,et al. WITHDAWN:dynamic remote data auditing for securing big data storage in cloud computing[J]. Information sciences,2017:380:101-116.

[96] YI M,WEI J,SONG L. Efficient integrity verification of replicated data in cloud computing system[J]. Computers & security,2017,65:202-212.

[97] FENG B,MA X,GUO C,et al. An efficient protocol with bidirectional verification for storage security in cloud computing[J]. IEEE access,2016,4:7899-7911.

[98] WEI J,ZHANG R,LIU J,et al. Dynamic data integrity auditing for secure outsourcing in the cloud[J]. Concurrency and computation:practice and experience,2017,29(12):1-15.

[99] SAXENA R,DEY S. Cloud audit:a data integrity verification approach for cloud computing[J]. Procedia computer science,2016,89:142-151.

[100] TANG X,QI Y,HUANG Y. Reputation audit in multi-cloud storage through integrity verification and data dynamics[C]//International Conference on Cloud Computing(CLOUD). Piscataway:IEEE,2016:624-631.

［101］ ZHU Y, AHN G‐J, HU H, et al. Dynamic audit services for outsourced storages in clouds［J］. IEEE transactions on services computing,2011,6(2): 227-238.

［102］ SOOKHAK M, YU F R, ZOMAYA A Y. Auditing big data storage in cloud computing using divide and conquer tables［J］. IEEE transactions on parallel and distributed systems,2017,29(5):999-1012.

［103］ PBC Library. The pairing‐based cryptographic library［EB/OL］.(2015‐07‐30)［2024-10-15］. http://crypto.Stanford.edu/pbc/.

［104］ DELMOLINO K, ARNETT M, KOSBA A, et al. Step by step towards creating a safe smart contract: Lessons and insights from a cryptocurrency lab［C］// International Conference on Financial Cryptography and Data Security. Piscataway:IEEE,2016:79-94.

［105］ BOGNER A, CHANSON M, MEEUW A. A decentralised sharing App running a smart contract on the Ethereum blockchain［C］//Proceedings of the 6th International Conference on the Internet of Things-IoT'16. New York:ACM, 2016:177-178.

［106］ SWANSON T. Consensus‐as‐a‐service:a brief report on the emergence of permissioned,distributed ledger systems［J］. Springer,2016,9(1):239-278.

［107］ WOOD G, et al. Ethereum:a secure decentralised generalised transaction ledger［J］. Ethereum project yellow paper,2014,151:1-32.

［108］ Mustafa Al-Bassam. Coconut-ethereum［EB/OL］.(2019-03-17)［2024-10-15］. http:// github.com/ musalbas/coconut-ethereum/tree/master/py pairingmaster.

［109］ DINUR I, DUNKELMAN O, SHAMIR A. New attacks on Keccak‐224 and Keccak-256［C］//International Working on Fast Software Encryption. Berlin: Springer-Verlag,2012:442-461.

［110］ LATIF K, RAO M M, MAHBOOB A, et al. Novel arithmetic architecture for high performance implementation of SHA‐3 finalist Keccak on FPGA platforms [C]//Proceedings of the 8th International Conference on Reconfigurable Computing: Archifertures, Tools and Applications. Berlin: Springer-Verlag, 2012: 372-378.

[111] HARRR. Solcrypto [EB/OL]. (2020-04-16) [2024-10-15]. https://github.com/HarryR/solcrypto.

[112] SVEIN φ, JOLIEN U, MARIJN J. Blockchain in government: Benefits and implications of distributed ledger technology for information sharing [J]. Government information quarterly, 2017, 34(3): 355-364.

[113] BUTERIN V, REITWIESSNER C. Ethereum improvement proposal 197-precompiled contracts for optimal ate pairing check on the elliptic curve alt bn128 [EB/OL]. (2019-8-31) [2024-10-15]. https://learnblockchain.cn/docs/eips/eip-197.html.

[114] REITWIESSNER C. Ethereum improvement proposal 196 - precompiled contracts for addition and scalar multiplication on the elliptic curve alt bn128 [EB/OL]. (2019-8-31) [2024-10-15]. https://www.learnblockchain.cn/docs/eips/eip-196.html.

[115] SONNINO A, AL-BASSAM M, BANO S, et al. Coconut: threshold issuance selective disclosure credentials with applications to distributed ledgers [J]. arXiv preprint arXiv, 2018: 1802.07344.

[116] BONEH D, FRANKLIN M. Identity-based encryption from the Weil pairing [J]. SIAM journal on computing, 2003, 32(3): 586-615.

[117] BONEH D, GENTRY C, LYNN B, et al. Aggregate and verifiably encrypted signatures from bilinear maps [C]//International Conference on the Theory and Applications of Cryptographic Techniques. Berlin: Springer-Verlag, 2003: 416-432.

[118] ZISSIS D, LEKKAS D. Addressing cloud computing security issues [J]. Future generation computer systems, 2012, 28(3): 583-592.

［119］ SHAH M A，SWAMINATHAN R，BAKER M，et al. Privacy-preserving audit and extraction of digital contents.［J］. IACR cryptology eprint archive，2008（2008）：186.

［120］ WANG Q，WANG C，LI J，et al. Enabling public verifiability and data dynamics for storage security in cloud computing［C］//European symposium on research in computer security. Berlin：Springer-Verlag，2009：355-370.

［121］ WANG C，WANG Q，REN K，et al. Privacy-preserving public auditing for data storage security in cloud computing［C］//2010 proceedings IEEE infocom.Piscataway：IEEE，2010：1-9.

［122］ The GNU multiple precision arithmetic library［EB/OL］.（2015-04-15）［2024-10-15］. https：//gmplib.org.

［123］ HE Y，YU F R，ZHAO N，et al. Big data analytics in mobile cellular networks［J］. IEEE access，2016，4：1985-1996.

［124］ MACH P，BECVAR Z. Mobile edge computing：a survey on architecture and computation offloading［J］. IEEE communications surveys & tutorials，2017，19（3）：1628-1656.

［125］ DENG S，HUANG L，TAHERI J，et al. Computation offloading for service workflow in mobile cloud computing［J］. IEEE transactions on parallel and distributed systems，2014，26（12）：3317-3329.

［126］ BI S，ZHANG Y J. Computation rate maximization for wireless powered mobile - edge computing with binary computation offloading［J］. IEEE transactions on wireless communications，2018，17（6）：4177-4190.

［127］ CHEN M，HAO Y. Task offloading for mobile edge computing in software defined ultra - dense network［J］. IEEE journal onselected areas in communications，2018，36（3）：587-597.

［128］ BELLAVISTA P，CHESSA S，FOSCHINI L，et al. Human - enabled edge computing：exploiting the crowd as a dynamic extension of mobile edge computing[J]. IEEE communications magazine,2018,56(1):145-155.

[129] VASSILAKIS V,PANAOUSIS E,MOURATIDIS H. Security challenges of small cell as a service in virtualized mobile edge computing environments [C]//IFIP international conference on information security theory and practice. Berlin:Springer-Verlag,2016:70-84.

[130] VASSILAKIS V,CHOCHLIOUROS I P,SPILIOPOULOU A S,et al.Security analysis of mobile edge computing in virtualized small cell networks[C]// IFIP International Conference on Artificial Intelligence Applications and Innovations. Berlin:Springer-Verlag,2016:653-665.

[131] ROMAN R,LOPEZ J,MAMBO M. Mobile edge computing,fog et al.: a survey and analysis of security threats and challenges[J].Future generation computer systems,2018,78:680-698.

[132] HE D,WANG D. Robust biometrics-based authentication scheme for multiserver environment[J]. IEEE systems journal,2014,9(3):816-823.

[133] YI S,LI C,LI Q. A survey of fog computing:concepts,applications and issues [C]//Proceedings of the 2015 Workshop on Mobile Big Data. New York: ACM,2015:37-42.

[134] ALRAWAIS A,ALHOTHAILY A,HU C,et al. Fog computing for the internet of things:security and privacy issues[J]. IEEE internet computing, 2017,21(2):34-42.

[135] MAHMUD R,KOTAGIRI R,BUYYA R. Fog computing:a taxonomy,survey and future directions[G]//Internet of Everything. Berlin:Springer-Verlag, 2017:103-130.

[136] TIAN H,NAN F,CHANG C C,et al. Privacy-preserving public auditing for secure data storage in fog-to-cloud computing[J]. Journal of network and computer applications,2019,127:59-69.

附录　常见符号列表

G_1, G_2, G_T	乘法循环群
$\|G\|$	群 G 中元素大小
p	循环群 G_1，G_2 的阶
g	循环群 G_1 的生成元
e：$G_1 \times G_1 \rightarrow G_2$	双线性对
$\mathbf{Z}_p$	小于 p 的非负整数集合
$H(\cdot)$：$\{0,1\}^* \rightarrow G_1$	映射到 G_1 上的安全散列函数
$h(\cdot)$：$G_1 \rightarrow \mathbf{Z}_p$	一次散列函数
M	外包数据集
m_i	外包数据块
$\|m\|$	外包数据块大小
R_{MHT}	MHT 根结点
α	$\mathbf{Z}_p$ 上的随机元素
r_i，l	$\mathbf{Z}_p$ 上的随机元素
u	G_1 上的随机元素
$\|p\|$	$\mathbf{Z}_p$ 中元素的大小
c	挑战数据块数量
$\|i\|$	数据块索引号大小

$|n|$	数据块数量
v_{ti}	数据块版本号
Ω_i	数据块 m_i 的辅助审计信息
p_i	第 i 个审计证据
max	p_i 的最大数量
$\text{Add}_{\mathbf{Z}_p}$	在域 $\mathbf{Z}_p$ 上的加法操作
Add_G	在群 G 上的加法操作
Exp_G	在群 G 上的指数操作
Hash_G	在群 G 上的哈希运算
$\text{Hash}_{\mathbf{Z}_p}$	在域 $\mathbf{Z}_p$ 上的哈希运算
Mul_G	在群 G 上的乘法操作
$\text{Mul}_{\mathbf{Z}_p}$	在域 $\mathbf{Z}_p$ 上的乘法操作
Pair_G	在群 G 上的双线性对操作
dep_{DO}	DO 的保证金
dep_U	用户的保证金
dep_{CSP}	CSP 的保证金
$\text{price}_{DOaudit}$	DO 付给 CSP 的一次审计费用
$\text{price}_{dynamic}$	DO 付给 CSP 的动态操作费用
price_{RtoCSP}	用户读外包数据要付给 CSP 的费用
price_{RtoDO}	用户读外包数据要付给 DO 的费用